DIE WAFFEN DER ROTEN ARMEE

PANZER 1939 – 1945

Victor Schunkow

Motor buch Verlag

IMPRESSUM

Einbandgestaltung: Frank Zähringer

Bildnachweis: Die zur Illustration dieses Buches verwendeten Aufnahmen stammen – wenn nicht anderes vermerkt ist – vom Verfasser.

Aus dem Russischen übertragen von Lesya Yurchenko-Pullmann
Durchgesehen von Martin Benz

ISBN: 978-3-613-04332-9

1. Auflage 2020

Sie finden uns im Internet unter www.motorbuch-verlag.de

Lektorat: Redaktion Motorbuch
Innengestaltung: ERWE-WERBUNG Ralf Weinreich, Halle/S.
Druck und Bindung: Graspo CZ, 76302 Zlin
Printed in Czech Republic

Foto: Ralf Weinreich

INHALT

INHALT

ENTWICKLUNG DER SOWJETISCHEN PANZERTRUPPE

Die Entwicklung gepanzerter Fahrzeuge bei der Roten Armee wurde durch die von sowjetischen Militärtheoretikern in den 1930er-Jahren entwickelte Theorie der Operation in der Tiefe beeinflusst. Die Essenz dieser Theorie bestand darin, die feindliche Verteidigung an mehreren Stellen gleichzeitig zu durchbrechen und in die Tiefe des Raumes vorzustoßen. Hoch mobile mechanisierte Verbände sollten den taktischen Durchbruch dabei zum operativen Erfolg ausweiten.

Für diese »Operationen in der Tiefe« stellte die Rote Armee mechanisierte Brigaden und Korps auf. Die Korps umfassten Panzerverbände, motorisierte Infanterie und Artillerie sowie weitere Kampf- und Unterstützungsverbände.

Fertigung von T-34/76 in einem Rüstungsbetrieb,

Die für den operativen Einsatz bestimmten Brigaden und die mechanisierten Korps wurden mit schnellen Panzern BT-2, BT-5 und BT-7 ausgestattet, die über kombinierte Rad-/Kettenlaufwerke verfügten, die sie je nach Straßen- und Geländebedingungen einsetzten. Die für den Durchbruch in der ersten Phase der »Operationen in der Tiefe« eingesetzten Brigaden erhielten weniger schnelle, aber stärker gepanzerte Panzer T-26 zur Infanterie-Unterstützung. Zur Verstärkung der Stoßkraft mechanisierter Brigaden und Korps an den Durchbruchsschwerpunkten wurden Panzerbrigaden der Reserve des Generalkommandos mit mittleren (T-28) und schweren Panzerkampfwagen (T-35) geschaffen.

Bis Mitte der 1930er-Jahre galten die schnellen Panzerkampfwagen der BT-Familie (BT steht für *Bystrochodni Tank* = schneller Panzer) als erstklassige Kampffahrzeuge. Der erste Vertreter dieser Familie, der BT-2, wurde auf der Grundlage des »Modells des Jahres 1940« gebaut, es handelte sich um eines der besten Modelle des amerikanischen Konstrukteurs J.W. Christie. Dieses Fahrzeug, das über eine außergewöhnlich hohe Geschwindigkeit und gute Geländegängigkeit

Schnelle Rad/-Ketten-Panzerkampfwagen BT-7 im Versammlungsraum während eines Manövers.

Begleitet von Schützen gehen schwere Panzerkampfwagen KW-1 bei einer Übung vor.

verfügte, sowie die folgenden Ausführungen BT-5 und BT-7, stellten bald einen Gutteil der schnellen Panzerverbände der Roten Armee. Die Serienproduktion der BT-Reihe erfolgte zwischen 1932 und 1940 im »Komintern«-Lokomotivwerk in Charkow, das in diesem Zeitraum etwa 8000 BT-Panzer herstellte. Das Konstruktionsbüro des Werkes entwickelte 50 verschiedene Modifikationen, von denen zwölf in Serie produziert wurden. Allein mit der Zahl an BT-Panzern übertraf die Rote Armee bereits in den 1930er-Jahren die Panzerzahlen aller anderen europäischen und außereuropäischen Streitkräfte bei weitem. An zweiter Stelle folgte mit Abstand Frankreich und danach Deutschland; Großbritannien folgte an vierter Stelle – die größte Kolonialmacht der Erde legte ihren Rüstungsschwerpunkt auf die Flotte; seinerzeit die stärkste der Welt.

Ein weiterer Hauptpanzertyp der Roten Armee, der T-26, wurde auf Grundlage eines Sechstonners der britischen Firma Vickers konstruiert. Ursprünglich erhielt der T-26 zwei Maschinengewehrtürme, ganz wie sein englisches Gegenstück. Später wurden beide Türme durch nur einen mit 37-mm-Kanone und 7,62-mm-MG ersetzt.

Bald trat an Stelle der 37-mm-Kanone ein Turm mit stärkerer 45-mm-Kanone Modell 1932. 1938 wich der zylindrische Turm einem konischen und im selben Jahr wurde erstmals eine rudimentäre Waffenstabilisierungsanlage TOS eingebaut, welche Zieloptik und Kanone in der vertikalen Ebene stabilisierte, d. h. auch beim Fahren grob im angerichteten Ziel hielt. Insgesamt stellte die sowjetische Rüstungsindustrie über 11.000 BT-Panzerkampfwagen her.

Neben der kontinuierlichen Verbesserung der BT-Reihe und des T-26 produzierten die sowjetischen Fabriken zunehmend Panzerkampfwagen einheimischer Konstruktion. So wurden in den frühen 1930er-Jahren der mittlere Panzer T-28 und der schwere Panzer T-35 entwickelt und eingeführt. Ihr äußeres Design stand noch unter dem Einfluss des 16 Tonnen schweren Vickers-Panzers »Independent«, aber im Grunde handelte es sich schon um eigene Fahrzeuge mit Waffen, Motoren, Getrieben und anderen Anlagen aus sowjetischer Konstruktion und Fertigung.

Die Produktion der so genannten »kleinen«

Deutsche Soldaten vor einem abgeschossenen KW-1.

Panzer begann mit der Lizenzfertigung der Panzerkarette der englischen Firma Carden-Loyd (sowjetische Bezeichnung: T-27). Diesem Modell folgten bald Schwimmpanzer der Typen T-37, T-38 und T-40 mit bis zu 10 mm Panzerung.

Unangenehme Erfahrungen mit der feindlichen Panzerabwehr sammelte das Kommando der Roten Armee im Spanischen Bürgerkrieg gegen nationalspanische Truppen sowie deren italienische und deutsche Unterstützer, sowie Ende der 1930er-Jahre gegen japanische Truppen in den Schlachten am Chasan-See und am mongolischen Grenzfluss Chalchin-Gol. Es stellte sich heraus, dass die Panzerung der sowjetischen Fahrzeuge nicht mehr den Anforderungen der Zeit entsprach. Obwohl die »Roten« in Spanien mit dem sowjetischen T-26 über einen sämtlichen Feindmodellen überlegenen Panzerkampfwagen einsetzten, konnte auch dieser der gegnerischen Panzerabwehr nicht standhalten: Kleinkalibrige Panzerabwehrkanonen durchschlugen auch seine vergleichsweise starke Panzerung. Schließlich erwiesen sich die Fahrgestelle der in den 1930er-Jahren in der UdSSR produzierten Panzer als veraltet und mussten dringend durch neue bzw. verbesserte Konstruktionen ersetzt werden.

Der Auftrag, Kampfwagen mit durchschlagsicherer Panzerung zu entwickeln, ging an die

Dieser restaurierte und fahrbereite T-34/85 befindet sich heute in Sammlerhand. (Foto: Ralf Weinreich)

Konstruktionsbüros des Kirowski-Werks in Leningrad und des Lokomotivwerks in Charkow. Nach Erprobungen im Dezember 1939 führte die Rote Armee den schweren Panzerkampfwagen KW-1 und den mittleren T-34 (zunächst in geringer Zahl) ein. Diese Typen stellten einen neuen Entwicklungsschritt nicht nur im sowjetischen, sondern im Panzerbau weltweit dar. Insbesondere beim T-34 vereinten sich Formgebung, Feuerkraft, Panzerung und Beweglichkeit in idealer Weise. Erstmals stattete die sowjetische Industrie die in Serie produzierten Panzer mit Dieselmotoren aus, die unbestreitbare Vorteile gegenüber Vergasermotoren boten. Eine wichtige Errungenschaft neuer Panzermodelle war die Tatsache, dass ihre Konstruktion den Anforderungen der Großserienfertigung entsprach und sie direkt auf dem Gefechtsfeld repariert werden konnten.

Die strukturelle Organisation der sowjetischen Panzerverbände aber blieb defizitär. Während der so genannten „Befreiungskampagne" in Polen im Herbst 1939 – dem sowjetischen Einmarsch in Polen von Osten her, während deutsche Truppen von Westen vordrangen – stellte sich heraus, dass es den neu gebildeten mechanisierten Korps der Roten Armee an Beweglichkeit fehlte und sie nur schwer zu führen waren. Anstatt ihre Organisationsstruktur zu verbessern, beschloss

Schienentransport mittlerer Panzerkampfwagen T-34/76 an die Front.

der Hauptmilitärrat im November 1939, alle vier mechanisierten Korps der Roten Armee aufzulösen und stattdessen 15 motorisierte Divisionen zu bilden. Obwohl jede der Divisionen über ein Panzerregiment mit 275 Kampfwagen verfügen sollte und operativ eingesetzt werden konnte, stellte die Auflösung der viel schlagkräftigeren Korps einen deutlichen Rückschritt dar. Dies bekam die Führung des Volkskommissariats für Verteidigung im Mai und Juni 1940 vor Augen geführt, als deutsche Korps aus Panzer-, Infanterie- und Artillerieverbänden im Zusammenwirken mit der Luftwaffe im Westfeldzug die französische, belgische, holländische Armee sowie das britische Expeditionskorps in Frankreich und Belgien vernichtend schlugen.

Schlussfolgerungen aus den Erfahrungen des deutschen Westfeldzuges zog die Führung des Volkskommissariats für Verteidigung sofort. Am 6. Juli 1940 verabschiedete der Rat der Volkskommissare der UdSSR nach dem Vorschlag des Volkskommissariats für Verteidigung einen Erlass, der die Bildung von acht mechanisierten Korps und zwei selbstständigen Panzerdivisionen vorsah.

Jedes mechanisierte Korps der neuen Organisation bestand aus zwei Panzerdivisionen und einer motorisierten Division, einem Regiment Kradschützen sowie separaten Nachrichten- und Instandsetzungsabteilungen sowie einer Fliegerstaffel.

Eine Panzerdivision bestand aus zwei Panzer-, einem Schützen- und einem Artillerieregiment sowie aus je einer Versorgungs- und Wartungsabteilung. Der Personal-Sollbestand betrug 11.343 Soldaten; zum Waffenarsenal gehörten 375 Panzer, 60 Geschütze und Granatwerfer unterschiedlicher Kaliber sowie weitere Ausrüstung. Eine motorisierte Division, bestehend aus zwei motorisierten Schützen-, einem Panzer- und einem Artillerieregiment sowie aus je einer Versorgungs- und Wartungsabteilung, sollte eine Stärke von 11.650 Mann erreichen, wobei die Ausrüstung mit Waffen und Gerät u. a. 275 Panzer und etwa 100 Geschütze und Granatwerfer umfasste.

Während des »Großen Vaterländischen Krieges« sollte ein Korps dann mehr als 36.000 Mann sowie 1031 Panzer umfassen, darunter 546 KW- und T-34-Panzerkampfwagen, 358 Geschütze und Granatwerfer sowie 268 gepanzerte Fahrzeuge.

Im Februar 1941, als die Errichtung der neuen Korps kurz vor dem Abschluss stand, nahm der Generalstab wesentliche Anpassungen am Plan zur Reorganisation der Panzertruppen vor. Es wurde beschlossen, 20 weitere mechanisierte Korps aufzustellen. Mehr als 30.000 Panzer, darunter 16.600 neue T-34 und KW-Panzer und mehr als 7000 gepanzerte Fahrzeuge waren für diese Verbände erforderlich. Der vorhandene Bestand konnte die Anforderungen bei weitem nicht decken – die Ausstattung dieser Korps mit neuen Panzern hätte mindestens vier bis fünf Jahre in Anspruch genommen.

Dies erklärt die Tatsache, warum zu Beginn des Krieges 1941 viele mechanisierte Verbände nicht entsprechend der staatlich festgelegten Norm an Ausrüstung und Waffen ausgestattet waren. Die durchschnittliche Ausstattung mit allen Arten von Kampffahrzeugen erreichte 53 %, der Anteil der neuen Panzertypen lag bei nur 18,2 %. Die Bewaffnung der Panzerdivisionen bestand hauptsächlich aus den Panzertypen T-26 und BT, die aus den aufgelösten Panzerbrigaden und Panzerabteilungen der Infanteriedivisionen stammten.

Den Panzertruppen fehlte es an Kraftwagen, Traktoren (Zugmittel für Artillerie) und Motorrädern. Die Ausstattung lag bezüglich der Kraftwagen bei rund 39 %, der Traktoren bei 44 % und der Motorräder bei 17 %. Zu Beginn des »Großen Vaterländischen Krieges« war die Masse der motorisierten Einheiten nur zu etwa 40 % mit Artillerie ausgestattet.

So war zu Beginn des Konflikts der Prozess der Bildung mechanisierter Korps noch lange nicht abgeschlossen. Die starken Panzerbrigaden der Roten Armee waren jedoch bereits aufgelöst worden.

Dies war einer von vielen Gründen für die Katastrophe von 1941. Andere, aber nicht minder wichtige Gründe für die Niederlage der Panzertruppen der Roten Armee waren die Unfähigkeit der Führung, mangelnde technische Kenntnisse sowie eine schlechte Ausbildung der Panzerbesatzungen. Unter den schnellen und operativ meisterhaften Schlägen der deutschen Streitkräfte und ihrer Verbündeten führte all das zusammengenommen zu katastrophalen Ergebnissen. Die deutsche Wehrmacht erzielte in kurzer Zeit enorme Geländegewinne und brachte Hunderttausende von Gefangenen ein – mehr als jede andere Armee vor und nach ihr. Von den sowjetischen 22.600 Panzern, die zum 22. Juni 1941 verfügbar waren, und den weiteren 5600 Panzern, die bis zum 31. Dezember zusätzlich produziert wurden, gingen bis Anfang 1942 20.500 Kampffahrzeuge verloren, insgesamt 72,7 %.
Dabei war die deutsche Wehrmacht nur mit knapp über 3000 Panzerfahrzeugen aller Art zum Angriff angetreten.

Wegen der schweren Verluste an gepanzerten Kampffahrzeugen vollzog die Rote Armee während des Krieges den Übergang von großen zu kleineren Verbänden – Brigaden, Regimentern und Abteilungen. Die Organisation und Bewaffnung der Panzerbrigaden wurden während des Krieges mehrfach geändert. Erst im November 1943 wurden jene Strukturen genehmigt, die dann bis zum Ende des Krieges beibehalten wurden. Entsprechend diesen Plänen bestand eine Brigade aus drei Abteilungen mit T-34, einem motorisierten Schützenbataillon und Versorgungseinheiten. Eine Brigade umfasste 1354 Mann und 65 Panzerkampfwagen T-34.

Die Erfahrungen der Roten Armee mit offensiven Operationen im Winter 1941/42 ließen sie zu großen Panzerformationen und Verbänden zurückkehren. Zu diesem Zeitpunkt hatte die sowjetische Panzerindustrie die Fertigungszahlen moderner Panzer deutlich erhöht, was im Frühjahr 1942 den Übergang zu Panzerkorps ermöglichte. Zwischen Mai und Juni 1942 wurden die ersten Panzerarmeen aufgestellt. Im September 1942 begann die Bildung mechanisierter Korps mit neuer Organisationsstruktur. Sie sollten vor allem die Angriffsverbände in den Schwerpunkten von Durchbruchsoperationen unterstützen.

Das Panzerkorps bestand aus drei Panzer- und motorisierten Schützenbrigaden, einer Aufklärungsabteilung, Luftabwehr- und Raketenartillerie-Abteilungen sowie Versorgungseinheiten. Das Korps verfügte über 100 Panzerkampfwagen (KW, T-34, T-60 oder T-70) später wurde ihre Anzahl auf 168 erhöht.

Ein mechanisiertes Korps bestand aus drei mechanisierten Brigaden (zu jeder Brigade gehörte ein Panzerregiment), einer Panzerbrigade, einem Luft- und Panzerabwehrregiment, einer Raketenwerferabteilung sowie Versorgungseinheiten.
Ein Korps sollte über 175 Panzerkampfwagen verfügen.

Die Entscheidung hin zu Panzer- und mechanisierten Korps war im Prinzip ziemlich erfolgreich. Während des Krieges wurde sie nur vervollkommnet, indem die Feuerkraft erhöht, die Manöv-

Auch rund 260 schwere »Churchill«-Panzer gelangten ab Spätsommer 1942 aus Großbritannien bzw. Kanada in die UdSSR. Sie kamen ab 1943 zum Einsatz und erfreuten sich bei sowjetischen Panzerbesatzungen keiner sonderlichen Beliebtheit. Hier passieren deutsche Soldaten einen abgeschossenen »Churchill«.

Ein leichter US-Panzerkampfwagen M3 »Stuart« im winterlichen Einsatz bei der Roten Armee. Die USA schickten der UdSSR im Rahmen der Lend-Lease-Lieferungen 7056 Panzerfahrzeuge aller Art.

rierfähigkeit sowie die operative und taktische Unabhängigkeit verbessert wurden.

Panzerarmeen bestanden ursprünglich aus zwei Panzerkorps, mehreren Schützendivisionen, separaten Panzerbrigaden, Flugabwehr-, Panzerabwehr- und Raketenartillerieregimenten.

Die Erfahrung mit dem Einsatz von Panzerarmeen der beschriebenen Struktur im Sommer 1942 zeigte, dass Panzerkorps und Schützendivisionen über unterschiedliche Beweglichkeit und Schlagkraft verfügten und auch bei Nachschub

Auch die Briten lieferten der Roten Armee Panzerfahrzeuge. Aus britisch-kanadischen Transporten stammte diese Panzerkarette Bren Carrier samt Bren-MG.

und Instandsetzung gab es große Unterschiede. Ende Januar 1942 fand eine Sondersitzung des Staatlichen Verteidigungskomitees (SWK) statt, die sich der Entwicklung von Bestimmungen zur Bildung von Panzerarmeen mit der neuen Organisationsstruktur widmete. Es wurde beschlossen, nicht-motorisierte Schützendivisionen aus den Panzerarmeen zu entfernen und den Panzerkern der neuen Verbände aus der organisatorischen Ebene auszugliedern. Es wurde erkannt, dass es zielführender wäre, zwei Panzer- und ein mechanisiertes Korps in einer Armee zusammenzufassen, dazu eine Flakdivision und Garderaketenwerfer-, Granatwerfer-, Haubitzen-, Panzerjäger- und Kradschützen-Regimenter. Die Unterstützungsverbände sollten aus einem Nachrichten- und Verbindungsregiment (Flugzeuge PO-2), einem Kraftfahrregiment, einem Pionierbataillon und zwei Instandsetzungsabteilungen bestehen. Des Weiteren umfasste die Organisationsstruktur der Panzerarmee auch die notwendigen Nachschubeinheiten.

Die Panzerarmeen mit der neuen Organisationsstruktur waren hoch beweglich und schlagkräftig. Die Zentrale des Oberkommandos verstärkte mit diesen Armeen jene Fronten (= Heeresgruppen), die Großangriffe durchführten.

Während des Krieges wurden die gepanzerten Fahrzeuge kontinuierlich verbessert. Von großer Bedeutung für die Verbesserung der Kampffähigkeit des T-34 war 1943 seine Ausstattung mit der unter Leitung von Wassili Grabin entwickelten 85-mm-Kanone. Die Entwicklung schwerer Panzertechnik veranschaulichte sich insbesondere in den neuen Kampfpanzertypen KW-85, JS-2 und JS-3.

Außerdem wurden nach deutschem Vorbild Selbstfahrgeschütze (Sturmgeschütze) entwickelt, die vor dem Krieg in der Roten Armee praktisch nicht vorhanden gewesen waren.

Laut dem von Generaloberst Grigori Kriwoschejew herausgegeben Handbuch »Geheimhaltung aufgehoben: Verluste der Streitkräfte der UdSSR in Truppen, Kampfeinsätzen und militärischen Konflikten«, erhielt die Rote Armee im Zeitraum vom 22.06.1941 bis zum 10.05.1945 insgesamt 109.100 Panzer und Sturmgeschütze, die zusammen mit den 22.600 vor dem Krieg verfügbaren Panzern 131.700 Kampffahrzeuge ausmachten. Die enormen Verluste der Panzertruppen der

Roten Armee werden auf 96.500 Panzer und Sturmgeschütze veranschlagt, was 73,3 % der insgesamt gefertigten bzw. vorhandenen Menge an Kampffahrzeuge entspricht.

Panzerbrigaden und mechanisierte Brigaden der Roten Armee führten außerdem gepanzerte Fahrzeuge aus den USA, England und Kanada. Während der Kriegsjahre erhielt die UdSSR von ihren Verbündeten insgesamt 19.734 gepanzerte Fahrzeuge – Panzerkampfwagen, Sturmgeschütze und Schützenpanzer.

Obwohl diese westalliierte Technik nicht immer den rauen Besonderheiten der Ostfront mit ihrer Schlammperiode, Winterkälte und Frühjahrsschmelze genügte, stets einer sorgfältigen Wartung bedurfte und hochwertige Schmiermittel sowie hochoktaniges Benzin erforderte, war sie von großer Bedeutung für die Aufrechterhaltung der Kampfkraft der sowjetischen Panzertruppe. Im Grunde scheint es verwunderlich, dass die UdSSR als größtes Land der Erde, gesegnet mit allen Bodenschätzen und starkem Menschen- und Industriepotenzial der Unterstützung durch die damals wohl leistungsfähigste Industrienation USA sowie der Eröffnung einer zweiten Front bedurfte, um Deutschland überhaupt besiegen zu können.

Eines sollte am Schluss jedoch nicht unerwähnt bleiben: die riesigen Verluste nicht nur an Material, sondern auch an Menschen, die die Rote Armee und die sowjetische Panzertruppe von 1941–1945 hinnehmen mussten. Sie lagen zahlenmäßig und prozentual weit höher als beim Gegner. Zwar mochten Panzer und Fahrzeuge in immer größerer Stückzahl vom Band rollen, aber an Menschen, die sie bedienten, wurde es auch im bevölkerungsreichsten Staat Europas gegen Ende des Krieges langsam knapp. Immer kürzer ausgebildete Besatzungen von blutjungen und älteren Jahrgängen, die an den Fronten erschienen, deuteten darauf hin, dass auch die UdSSR so langsam an eine Grenze gelangt war. Die Frage, ob sie bei Fortdauer des Krieges zu großen, wie ab Sommer 1944 durchgeführten Angriffsoperationen ein Jahr später auch noch befähigt gewesen wäre, bleibt spekulativ, hat aber handfeste Hintergründe.

KLEIN- UND SCHWIMMPANZER

Das Kommando der Roten Armee betrachtete die Panzerkarette (Tankette) vorwiegend als selbstfahrenden, leicht gepanzerten Maschinengewehr-Träger zur Infanterie-Unterstützung. Insofern musste dieser Fahrzeugtyp über gute Manövrierfähigkeit und Geländegängigkeit verfügen, selbst in Waldgebieten, in denen der Einsatz größerer Panzer unmöglich war.

Der geringe Seitenrichtbereich des in turmlosen Kastenwannen montierten Maschinengewehrs führte zur Entwicklung eines Kleinpanzers derselben Gewichtsklasse, jedoch mit Drehturm. In der UdSSR wurden außerdem Leichte Schwimmpanzer entwickelt, die sich gut für Aufklärungszwecke eigneten. Die Rote Armee stattete zunächst ihre ersten mechanisierten Brigaden (auch) mit Kleinpanzern aus, ordnete diese ab Mitte der 1930er-Jahre jedoch den Schützen- und Kavalleriedivisionen zu. Die Verbandsgliederung einer leichten Panzerabteilung sah eine Kompanie mit zehn Panzerkampfwagen T-26 und zwei Kompanien mit insgesamt 30 Panzerkaretten T-27 vor. Die zeitweilige Anweisung zum taktischen Einsatz innerhalb der Schützendivisionen enthielt folgende grundlegende Bestimmung: »Die leichte Panzerabteilung ist die größte administrative und taktische Gliederung dieses Waffentyps. Sie ist eine schlagkräftige gepanzerte Waffe in den Händen des Divisionskommandeurs (unter bestimmten Voraussetzungen des Regimentskommandeurs), die in der Lage ist, unabhängige Kampfaufträge in taktischer und direkter Zusammenarbeit mit der Infanterie durchzuführen«.

Zu Beginn des deutsch-sowjetischen Krieges waren Kleinpanzer in einzelnen Aufklärungsabteilungen der Schützendivisionen im Einsatz. Jede Abteilung verfügte über eine Kompanie aus leichten Schwimmpanzern, gegliedert in drei Züge zu je fünf Fahrzeugen.

Panzerkarette T-27

Die Panzerkarette T-27 entstand auf Grundlage des englischen Kleinpanzers Carden-Loyd Mk VI und wurde am 13. Februar 1931 von der Roten Armee angenommen. Die ersten 45 T-27 produzierte das Werk »Bolschewik« 1931 in Serie, danach übernahmen die Werke Nr. 27 und GAS die Fertigung und setzten sie bis 1934 fort. In diesem Zeitraum liefen der Roten Armee insgesamt 3295 Panzerkaretten T-27 zu.

Der T-27 besaß einen kastenartigen Aufbau aus vernieteten Panzerplatten. Durch die Platzierung des Motors im mittleren Teil der Wanne zwischen Fahrer und MG-Schützen (zugleich Kommandant) konnte die Länge des Wagens drastisch gekürzt werden. Bei der Herstellung wurden weitgehend Baugruppen und Teile bereits in Herstellung befindlicher Fahrzeuge verwendet, wodurch die Produktionskosten deutlich gesenkt werden konnten.

Der Antrieb bestand aus einem 40 PS leistenden, flüssigkeitsgekühlten Ford-AA-Motor. Das Getriebe mit Einscheibenkupplung, Vierganggetriebe, einem einfachen Differential mit Bremsbelägen und zwei Vorgelegen stammte ebenfalls vom Ford-Lkw AA. Für den Kettenantrieb wurden Laufollen mit Außendämpfung, gezahnte Antriebsräder und eine feingliedrige Laufkette verwendet. Die Bewaffnung bestand aus einem 7,62 mm DT-Maschinengewehr mit Richtbereich nach Seite und Höhe.

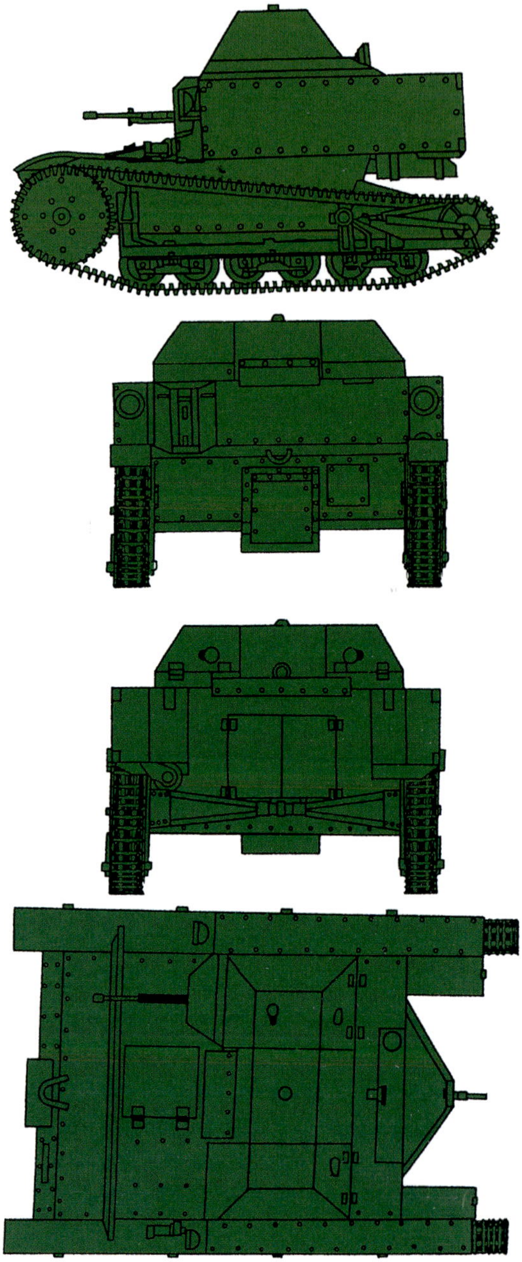

Schematische Vierseitenansicht Panzerkarette T-27.

Panzerkarette T-27 beim Übersetzen auf einer Fähre.

Mit dem T-27 wurden Aufklärungs- und Leichte Panzerabteilungen ausgestattet. Auch bei Luftlandebrigaden kam er zur Verwendung; diese führten u. a. Versuche zum Abwurf mit Fallschirmen durch. Auch der erste sowjetische Flammpanzer wurde auf Grundlage des T-27 entwickelt, wobei der Flammenwerfer das Brandölgemisch mit Hilfe von Druckluft bis zu 25 m weit schleuderte. Mitte der 1930er-Jahre entstand auf T-27-Basis ferner ein leichtes Sturmgeschütz mit 76-mm-Kanone.

Da der Rote Armee allmählich fortschrittlichere Fahrzeugen zuliefen, wurden die Kleinkampfwagen aus den Verbänden abgezogen und an Ausbildungseinheiten abgegeben. Einen Teil der Panzerchen baute man zu gepanzerten Schleppern für 45-mm-Panzerabwehrkanonen um. Die deutsche Wehrmacht bezeichnete erbeutete Kleinpanzer T-27 als »Panzerkampfwagen T-27 734 (r)«.

Bei einem Gefechtsgewicht von lediglich 2,7 t eignete sich die Panzerkarette T-27 vom Grundsatz her auch zur Verbringung mit Transportflugzeugen; hier als Außenlast unter einer zweimotorigen Tupolew G-1. Es blieb aber wohl bei Versuchen.

Panzerkarette T-27 mit Besatzung. Die Gesamthöhe betrug mit geschlossenen Luken lediglich 144 cm.

Die Panzerkarette T-27 nahm eine zweiköpfige Besatzung auf, die sie mit maximal 10 mm Panzerung schützte.

PANZERKARETTE T-27	
Gefechtsgewicht, t	2,7
Abmessungen:	
- Länge, mm	2600
- Breite, mm	1825
- Höhe, mm	1443
Besatzung	2 Mann
Bewaffnung	1 x 7,62 mm Maschinengewehr DT
Kampfbeladung	2500 Patronen
Panzerung:	
Wannenfront, mm	10
Motortyp	Benzinmotor Ford-AA
Leistung, PS	40
Höchstgeschwindigkeit, km/h	40-42
Fahrbereich, km	110-120

Leichter Schwimmpanzerwagen T-37A

Truppenerfahrungen mit dem T-27 und dem T-33 erwiesen die Notwendigkeit eines Drehturms für das MG. Darüber hinaus sollten Kampfwagen für Aufklärungsaufgaben zusätzlich schwimmfähig gemacht werden. Am 11. August 1933 führte die Rote Armee ein solches Fahrzeug unter der Bezeichnung »Kleiner Schwimmpanzer T-37A« ein. In die Entwicklung war die Erprobung von acht Panzern des Herstellers Vickers-Carden-Loyd eingeflossen, welche die UdSSR Anfang 1932 in England erworben hatte. Der T-37A besaß eine genietete (oder geschweißte), wasserdicht versiegelte Wanne aus gewalzten Panzerplatten. Das Getriebe befand sich im vorderen Teil der Wanne: Kampf- und Fahrerraum waren zusammengefasst, der Fahrer saß links und der Kommandant rechts in Fahrtrichtung. Die Bewaffnung bestand aus einem 7,62-mm-Maschinengewehr DT im

Schwimmpanzerwagen T-37A unmittelbar vor einer Wasserfahrt.

T-37A beim Anlanden nach dem Durchschwimmen eines Gewässers. Der Kommandant weist den Fahrer mit der Signalflagge ein.

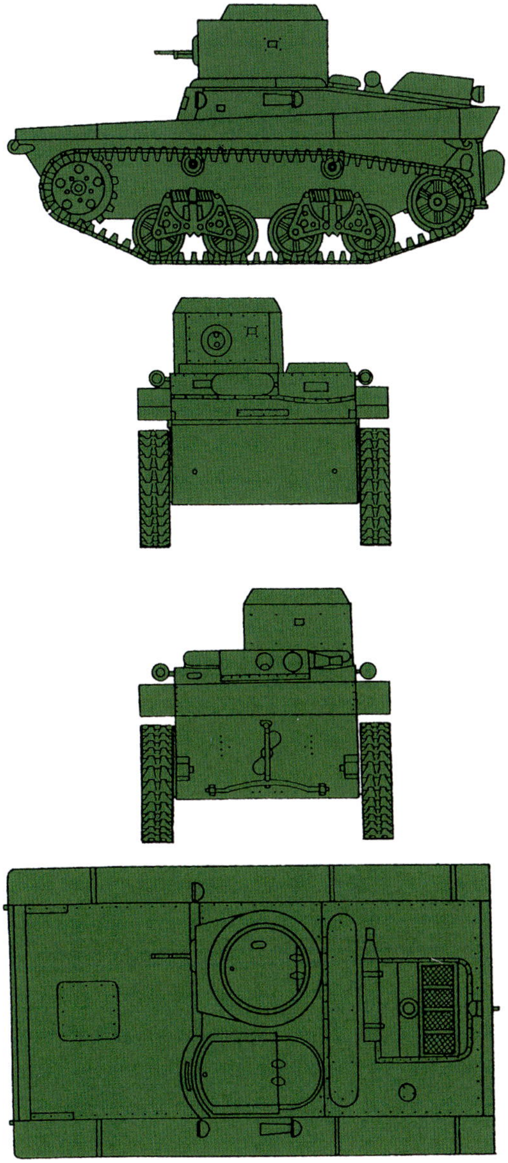

Schematische Vierseitenansicht Schwimmpanzerwagen T-37A.

Drehturm. Der Motor Ford-AA befand sich im Heck. Zur Verbesserung der Schwimmfähigkeit des T-37A wurden links und rechts über den Kettenabdeckungen mit Kork gefüllte Schwimmer angebracht. Der Antrieb im Wasser erfolgte über eine Propellerschraube, die Lenkung über das Lenkrad. Die wendbaren Propellerblätter ermöglichten ein Umsteuern während der Wasserfahrt. Während der Landfahrt konnte der T-37A Steigungen bis 35°, Gräben bis zu 1,4 m Breite und bis zu 50 cm hohe senkrechte Hindernisse (z. B. Mauern) überwinden.

Ausführungen des T-37:

- **T-37: Versuchsmodell;**
- **T-37A: Schwimmpanzer-Serienausführung (gefertigt 1909 Stück);**
- **T-37RT: Funkpanzer mit Funkgerät 71-TK-1;**
- **OT-37 (BHM-4): Flammpanzer (gefertigt 75 Stück);**
- **SU-37: Sturmgeschütz (Prototyp);**
- **TM-37: Schwimmpanzer, Weiterentwicklung des T-37**

Eine Rotte T-37A im Wasser. Aufgrund seiner Schwimmfähigkeit eignete sich das Fahrzeug vor allem für die Aufklärung in gewässerreichen Landstrichen. Zahlreiche technische Schwachstellen, die schwache Bewaffnung und Panzerung zählten zu den Nachteilen.

SCHWIMMPANZERWAGEN T-37A	
Gefechtsgewicht, t	3,2
Abmessungen:	
- Länge, mm	3730
- Breite, mm	1940
- Höhe, mm	1840
Besatzung	2 Mann
Bewaffnung	1 x 7,62 mm Maschinengewehr DT
Kampfbeladung	2140 Patronen
Panzerung:	
- Wannenfront, mm	8-9
- Turmfront, mm	8-9
Motortyp	Benzinmotor GAS-AA (Ford-AA)
Leistung, PS	40
Höchstgeschwindigkeit Land, km/h	38-40
Höchstgeschwindigkeit Wasser, km/h	6
Fahrbereich, km	185-230

Leichter Schwimmpanzerwagen T-37A.

Zum 1. Januar 1941 verfügte die Rote Armee über 2225 Schwimmpanzerwagen T-37A aller Ausführungen. Insgesamt liefen 2627 Stück von den Bändern. Zu diesem Zeitpunkt verfügte weltweit keine andere Armee über derartige Schwimmpanzerkampfwagen.

Der T-37A gehörte zur Ausstattung von Panzerkompanien der Aufklärungsabteilungen in den Panzer-, Schützen- sowie motorisierten Schützendivisionen. Jede Kompanie setzte sich aus drei Zügen zu je fünf T-37A zusammen. Die deutsche Beutebezeichnung für den T-37A lautete »Schwimm-Panzerkampfwagen T-37 731 (r)«.

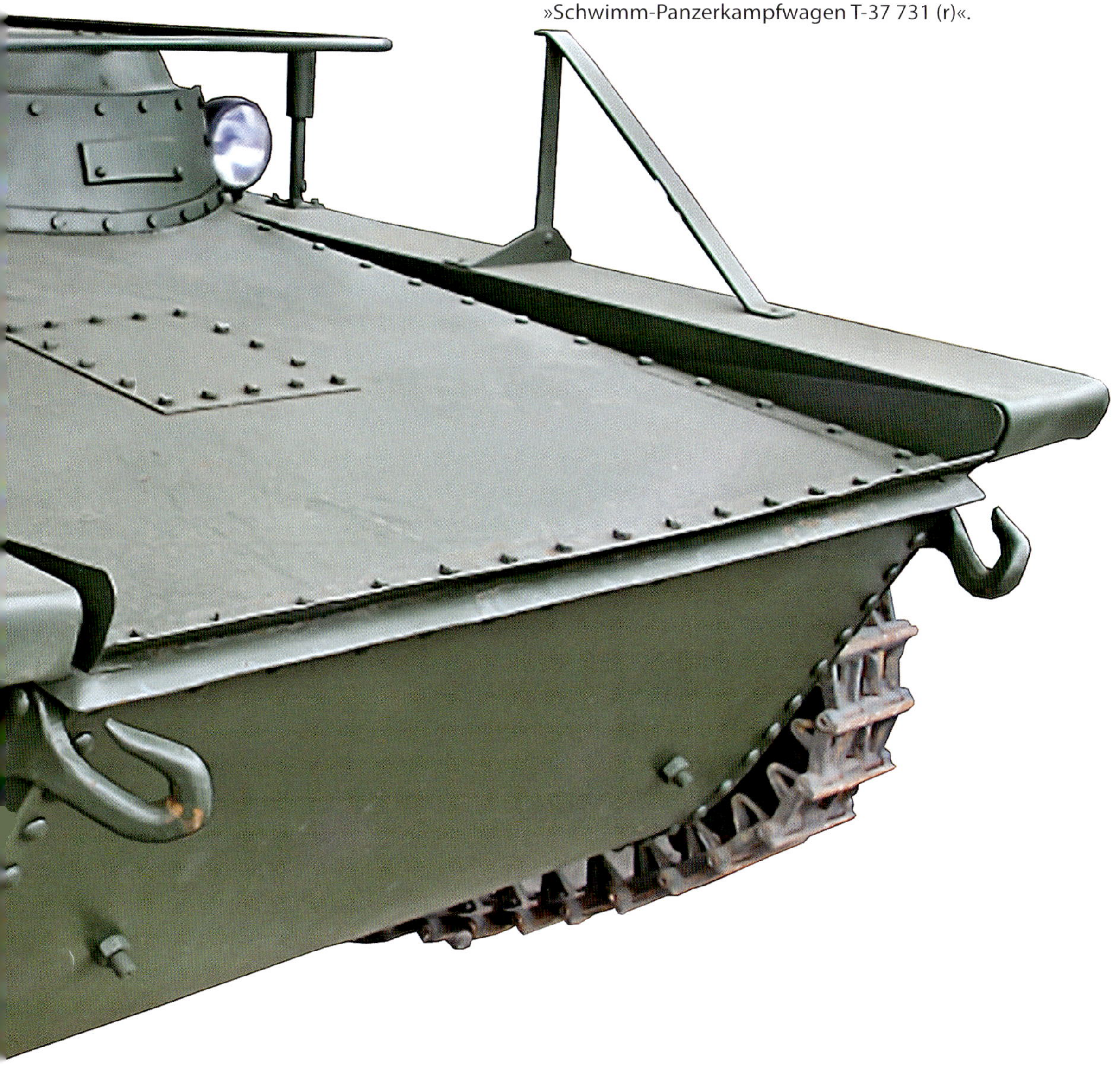

Leichter Schwimmpanzerwagen T-38

In der Truppenverwendung zeigte sich beim T-37A rasch eine Reihe von Schwachstellen: Getriebe und Fahrwerke arbeiteten unzuverlässig, Ketten wurden geworfen, der Fahrbereich an Land wie zu Wasser war gering. Ende 1934 erhielt das Konstruktionsbüro des Werkes Nr. 37 unter Nikolai Astrow den Auftrag, die Mängel zu beseitigen. Ein modernisierter Prototyp stand im Sommer 1935 zur Verfügung, die Werkserprobung fand vom 3. bis 17. Juli 1935 statt. Der neue T-38

Einer von zahlreichen T-38, die deutsche Verbände 1941 erbeuteten.

Übernahme von T-38 durch die Truppe. Bei dieser war das Fahrzeug wegen seiner unzureichenden Schwimmfähigkeit und anderer Mängel nicht besonders beliebt.

kam tiefer und breiter daher als der T-37A, was die Stabilität im Wasser erhöhte. Die verbesserte Aufhängung brachte ein angenehmeres Rollverhalten und erlaubte höhere Marschgeschwindigkeiten. Anstelle eines Pkw-Ausgleichsgetriebes erhielt der T-38 eine Kupplungslenkung. Zudem wurde der Schwimmpanzer überwiegend im Schweißverfahren hergestellt. Die schwache Bewaffnung des Panzers blieb das 7,62-mm- Maschinengewehr DT im Drehturm. Die Rote Armee führte den T-38 im Februar 1936 ein; die Serienfertigung lief bis 1939.

Die Besatzungen waren vom neuen Panzer nicht eben begeistert. Dies lag zum einen an der unzureichenden Schwimmfähigkeit. Bei der Wasserfahrt war es verboten, bei maximaler Drehzahl des Propellers scharfe Lenkmanöver durchzuführen oder den Rückwärtsgang einzulegen – sonst kenterte der »Kahn« und soff ab. Bei Versuchen, den T-38 als Landungsfahrzeug zu nutzen, stellte sich heraus, dass schon zwei zusätzliche Soldaten viel zu schwer für ihn waren. Bei Fahrten in morastigem Gelände überhitzte der Motor rasch und versagte. All dies führte zur Einstellung der Serienfertigung im Frühjahr 1937. Das Werk Nr. 37 nahm die Produktion 1939 allerdings wegen zahlreicher noch vorhandener Bauteile wieder auf. Insgesamt wurden 1382 Schwimmpanzer T-38 produziert (davon 112 Fahrzeuge 1939).

T-38-Besatzungen bereiten ihre Fahrzeuge auf einen Einsatz vor.

SCHWIMMPANZERWAGEN T-38	
Gefechtsgewicht, t	3,2
Abmessungen:	
- Länge, mm	3780
- Breite, mm	2234
- Höhe, mm	1630
Besatzung	2 Mann
Bewaffnung	1 x 7,62 mm Maschinengewehr DT
Kampfbeladung	2140 Patronen
Panzerung:	
- Wannenfront, mm	9
- Turmfront, mm	9
Motortyp	Benzinmotor GAS-AA
Leistung, PS	40
Höchstgeschwindigkeit Land, km/h	40
Höchstgeschwindigkeit Wasser, km/h	6-7
Fahrbereich, km	220-230

Es gab folgende Ausführungen:

- T-38: Leichter Schwimmpanzerwagen;
- SU-45: Sturmgeschütz (Prototyp);
- T-38RT: Funkpanzer mit Funkgerät 71-TK-1;
- OT-38: Flammpanzer (Prototyp);
- T-38-TT: Fernlenkpanzer

Der Schwimmpanzerwagen T-38 gehörte wie der T-37A zur Ausstattung von Panzerkompanien eigenständiger Panzerabteilungen der Schützendivisionen. Im Sommer und Herbst 1941 gingen fast alle verloren. Die deutsche Wehrmacht bezeichnete Beutepanzer T-38 als »Schwimm-Panzerkampfwagen T-38 732 (r)«.

Leichter Schwimpanzerwagen T-38.

Leichter Schwimmpanzerwagen T-40

Der T-40 war der letzte in Serie gebaute sowjetische Schwimmpanzerwagen des 2. Weltkriegs. Für die Entwicklung in der ersten Hälfte des Jahres 1939 zeichnete das Konstruktionsbüro des Werkes Nr. 37 unter Nikolai Astrow verantwortlich. Die Rote Armee führte ihn am 19. Dezember 1939 offiziell ein. Die Serienfertigung lief ebenfalls im Werk Nr. 37. Wie schon bei den Vorgängern T-37A und T-38 stammten viele Baugruppen und Teile aus dem Lkw- und Pkw-Bereich. Dennoch unterschied sich der T-40 deutlich von seinen Vorgängern. Die höhere Wanne sorgte für eine große Auftriebsreserve im Wasser. Die trapezförmige Gestaltung erhöhte die Stabilität im Querschnitt. Gewalzte Panzerplatten mit zusätzlich gehärteter Außenschicht erhöhten den Panzerschutz. Bei der Herstellung der Wanne wurden Panzerplatten von der inneren, weichen Seite geschweißt und spezielle Gleitnuten zur Vereinfachung der Montage verwendet. Das Getriebe und der Kfz-Motor GAS-11 zu 85 PS wurden im mittleren Teil der Wanne an der Steuerbordseite angebracht. Zum Gewichtsausgleich rückte der

T-40 bei der Überwindung eines Grabens.

Eine Kolonne T-40 auf dem Landmarsch. Er wurde so gut wie nie als Schwimmpanzer eingesetzt. Man beachte den ausgeprägten Bugschild.

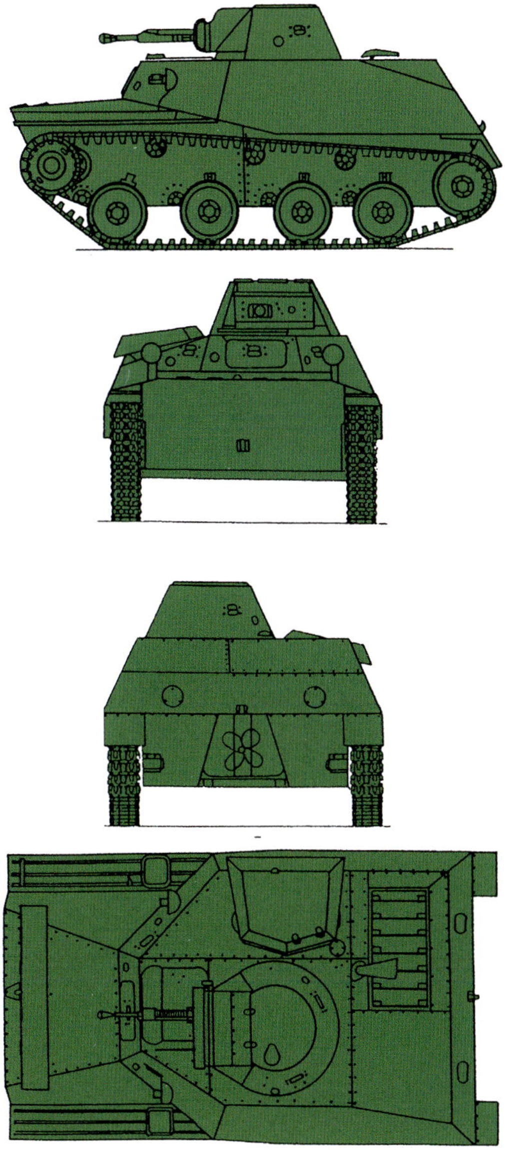

Schematische Vierseitenansicht Schwimmpanzerwagen T-40.

Eine Kolonne Schwimmpanzerwagen T-40 beim Entladen von der Bahn.

Drehturm mit dem großkalibrigen 12,7-mm-MG DSchK und dem 7,62-mm-MG DT nach links. Die Besatzung bestand aus zwei Mann – dem Fahrer und dem Kommandanten/Richtschützen, die hintereinander in der Längsachse der Wanne saßen.

Zum ersten Mal im sowjetischen Panzerbau (wie auch beim schweren Panzer KW-1) wurde das Fahrwerk mit einer Drehstabfederung ausgestattet (eine Erfindung Ferdinand Porsches). Das Laufwerk bestand aus Antriebsrad vorn, Leitrad hinten, vier Laufrollen und drei Stützrollen. Die Breite der feingliedrigen Kette betrug 260 mm. Die Luken ließen sich wasserdicht verschließen, am Bug wurde ein aufrichtbares Schwallbrett an-

SCHWIMMPANZERWAGEN T-40	
Gefechtsgewicht, t	5,5-5,9
Abmessungen:	
- Länge, mm	4140
- Breite, mm	2330
- Höhe, mm	1905
Besatzung	2 Mann
Bewaffnung	1 x 7,62 mm Maschinengewehr DT 1 x 12,7 mm Maschinengewehr DSchK
Kampfbeladung	500 Patronen 12,7 mm 2017 Patronen 7,62 mm
Panzerung:	
- Wannenfront, mm	13
- Turmfront, mm	10
Motortyp	Benzinmotor GAS-11
Leistung, PS	85
Höchstgeschwindigkeit Land, km/h	44-46
Höchstgeschwindigkeit Wasser, km/h	5-6
Fahrbereich, km	220-300

gebracht; die Wanne verfügte über Lenzpumpen und das Heck neben der Antriebsschraube für die Wasserfahrt über ein Ruder.

Der T-40 besaß eine gute Geländegängigkeit und konnte Steigungen bis etwa 34°, Gräben bis zu 1,7 m Breite und Hindernisse bis zu 60 cm Höhe überwinden. Beim Landmarsch fanden neben der Besatzung bis zu vier Infanteristen

und beim Wassermarsch bis zu zwei Personen auf bzw. im Fahrzeug Platz.

Der T-40 war in erster Linie für Aufklärungs- und Sicherungsaufgaben vorgesehen, wurde aber in den ersten Kriegsmonaten aufgrund eines gravierenden Mangels an leichten Panzern oft zur Unterstützung der Infanterie eingesetzt. Seine Feuerkraft und Panzerung reichten für diese Rolle nicht aus. In der Praxis wurde der T-40 so gut wie nie als Schwimmpanzer eingesetzt.

Neben der Ausführung als Schwimmpanzer gab es folgende Modifikationen:

- **T-40S: Reine Landversion ohne Propeller, Zapfwellengetriebe, Ruder, Bilgenpumpen und Schwallschild;**
- **T-30: Mit verstärkter Panzerung, einige Fahrzeuge erhielten die 20-mm-Maschinenkanone TNSch-20.**

Insgesamt wurden 890 Panzer des Typs T-40 aller Ausführungen hergestellt.

In der Wehrmacht hießen erbeutete T-40 »Schwimm-Panzerkampfwagen T-40 733 (r)«.

Leichter Schwimmpanzerwagen T-40.

LEICHTE PANZERKAMPFWAGEN

Vor 1941 und in den ersten Kriegsjahren bildeten leichte Panzerkampfwagen die Grundlage der Panzerflotte der Roten Armee. Sie waren relativ einfach und billig in der Produktion, gleichzeitig wurde aber angenommen, dass sie für fast die gesamte Bandbreite der Aufgaben eingesetzt werden können: Unterstützung der Infanterie und Kavallerie, taktische und operative Vorstöße, Bekämpfung feindlicher Panzerfahrzeuge und Aufklärung.

Der Leichte Panzerkampfwagen T-26 und die Schnellpanzer der BT-Reihe wurden auf der Grundlage moderner westlicher Panzerentwürfe entwickelt. Der T-26 übernahm beispielsweise wesentliche Elemente des englischen 6-t-Panzers von Vickers-Armstrong und der geniale US-amerikanische Entwurf M.1940 von J.W. Christie bildete das Vorbild für die BT-Reihe und später den T-34.

Die in den 1930er-Jahren in großer Zahl produzierten leichten Panzerkampfwagen T-26 und die BT-Reihe galten zu Beginn der 1940er-Jahre bereits als veraltet. Ihr Hauptmanko war die zu schwache Panzerung, die leicht von den damals weit verbreiteten Pak der Kaliberklasse 25–37 mm durchschlagen werden konnte.

Ein Versuch, zu Beginn des Krieges mit Deutschland den Leichtpanzer T-50 mit verstärkter Panzerung zu bauen, scheiterte. Aufgrund der hohen Verluste entschieden sich die Verantwortlichen für die leichten Panzer T-60 und T-70, bei deren Fertigung zahlreiche Bauteile aus der serienmäßigen Lkw-Produktion genutzt werden konnten.

Leichter Panzerkampfwagen T-26 A-2 – Erstausführung mit zwei MG-Türmen.

Leichter Panzerkampfwagen T-26

Fabrikneue T-26 A mit zwei MG-Türmen vor der Auslieferung.

Basierend auf einem 6-t-Panzer der britischen Firma Vickers-Armstrong entwickelten sowjetische Ingenieure den leichten Panzerkampfwagen T-26, den die Rote Armee im Februar 1931 einführte. Seine Hauptaufgabe bestand in der Unterstützung der Infanterie, weshalb er manchmal auch als leichter Infanteriepanzer bezeichnet wird. Wie sein englisches Gegenstück hatte der Panzer einen genieteten kastenförmigen Rumpf und Zwillingstürme mit Maschinengewehren. Diese Türme schwenkten im Bereich von 270° unabhängig voneinander. Jeder Turm nahm ein 7,62-mm-MG DT und einen MG-Schützen auf. Neben der reinen MG-Version wurde eine Modifikation mit einer 37-mm-Kanone »Gochkis« im linken und einer 37-mm-Kanone B-3 im rechten Turm ausgestattet. Diese Panzer waren für Zug- und Kompanieführer vorgesehen und wurden daher oft mit Funkgeräten 71-TK-1 und einer Rahmenantenne an der Rückseite der Wanne ausgestattet. Im Einsatz zeigte es sich, dass es fast unmöglich war, das Feuer aus beiden Türmen zu koordinieren, so dass ab 1933 der Umstieg auf Panzer mit nur einem Turm und stärkerer Kanone erfolgte.

Bis August 1933 liefen insgesamt 1626 T-26 mit Zwillingstürmen vom Band. Die Ein-Turm-Version mit 45-mm-Kanone und 7,62-mm-MG mauserte sich dann zum wichtigsten Kampffahrzeug der Panzereinheiten zur Unterstützung der Infanterie. Vor der Ausstattung der Infanterie mit 37-mm-

T-26 A-4 mit MG im linken und 37-mm-Kanone im rechten Turm.

FERTIGUNGSZAHLEN PANZERKAMPFWAGEN T-26

Jahr	1931	1932	1933	1934	1935	1936	1937	1938	1939	1940	1941	Insgesamt
Werk Nr. 174												
T-26 mit zwei Türmen	100	1361	576	1	-	-	-	-	-	-	-	2038
T-26 mit einem Turm	-	-	693	489	553	447	-	-	945	1018	47	4192
T-26RT	-	-	20	457	650	826	550	716	83	114	-	3416
T-26 mit Drehturm P-40	-	-	-	-	-	-	-	-	267	204	-	471
Traktorenwerk Stalingrad												
T-26 aller Varianten	-	-	5	23	115	k. A.	-	30	k. A.	10	-	Nicht weniger als 183
Insgesamt	**17**	**1032**	**1212**	**969**	**1288**	**1273**	**550**	**716**	**1293**	**1336**	**-**	**10.300**

Heckansicht des T-26 B mit Einzeldrehturm, 45-mm-Kanone und kranzförmiger Rahmenantenne (Befehlspanzer).

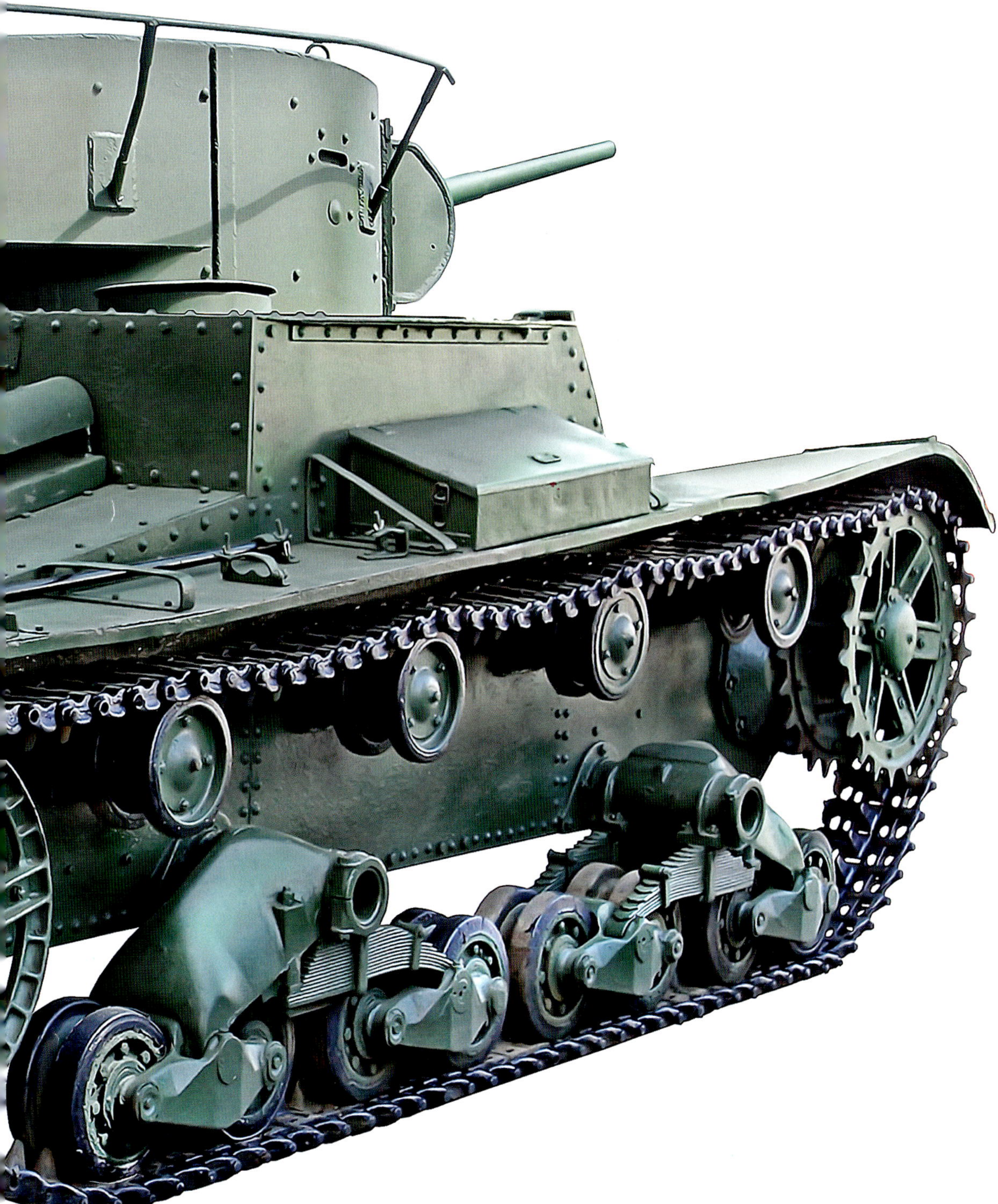

T-26 mit konischem Turm aus einem Baulos des Jahres 1939.

und 45-mm-Pak entsprach dieser Panzer ganz seinem Zweck. Die 10–15 mm dicke Panzerung schützte die Besatzung zuverlässig vor MG- und Handwaffenbeschuss sowie Granatsplittern. In unwegsamem Gelände konnte der T-26 Steigungen bis zu 40°, 2 m breite Gräben und bis zu 75 cm hohe Hindernisse überwinden. Er war langsam, aber damals glaubte man, eine Höchstgeschwindigkeit von 30 km/h reiche zur Begleitung der Infanterie vollkommen aus.

Von 1933 bis 1941 entstanden vom T-26 folgende Ausführungen:

- **T-26: Mit zylindrischem Turm, 45-mm-Geschütz Modell 1932 und 7,62-mm-MG DT;**
- **T-26RT: Befehlspanzer mit Funkgerät und zylindrischem Turm;**
- **T-26A: Artilleriepanzer mit 76,2-mm-Kanone KT-26 und zwei DT-MG;**
- **ST-26: Pionierpanzer (Brückenlegepanzer);**
- **OT-130, 131, 132, 133, 134: Flammpanzer mit Flammenwerfer und einem oder zwei DT-MG;**
- **T-26-1: Konischer Turm mit 45-mm-Kanone der Modelle 1932 und 1938 sowie zwei DT-MG. Ein Teil der Kampfwagen erhielt das 7,62-mm-Fla-MG P-40.**

Auf T-26-Grundlage entwickelten sowjetische Ingenieure insgesamt 53 verschiedene Fahrzeugtypen, von denen 23 in Serie hergestellt wurden. Ab 1938 wurde der T-26 mit dem Zielfernrohr TOS, das über eine vertikale Stabilisierung verfügte, ausgestattet.

Nach Angaben des Internetportals »Wikipedia« entstanden in der UdSSR insgesamt 10.300 leichte Panzerkampfwagen T-26.

Zum 1. Januar 1941 verfügte die Rote Armee über 9665 Panzerkampfwagen T-26. In den späten 1930er-Jahren gehörte der T-26 zur Ausstattung von selbstständigen leichten Panzerbrigaden (je 256 Panzer) sowie von Panzerkompanien, die ihrerseits Bestandteil von Panzerabteilungen der Schützendivisionen (17 Panzer je Kompanie) waren. Im Sommer 1941, unmittelbar vor Kriegsausbruch, wurde diese Gliederung aufgehoben.

T-26 unterstützt eine Kavallerie-Attacke mit geschwungenem Säbel.

T-26 bei einer Parade zur Feier des Jahrestages der Oktoberrevolution am 7. November 1941 in Kuybischew.

Die T-26 kamen jetzt zu Panzer- und motorisierten Schützendivisionen, obwohl sie ursprünglich nicht für deren taktische und operative Aufgaben geschaffen worden waren.
Die deutsche Wehrmacht bezeichnete Beutepanzer T-26 wie folgt:

- **T-26 mit Zwillingsturm:**
  »Panzerkampfwagen T-26A 737 (r)«;

- **T-26 mit einem Turm:**
  »Panzerkampfwagen T-26B 738 (r)«;

- **Flammpanzer OT-130:**
  »Flammenwerfer-Panzerkampfwagen 739 (r)«;

- **T-26 mit konischem Turm:**
  »Panzerkampfwagen T-26C 740 (r)«;

- **Brückenlegepanzer ST-26:**
  »Brücken-Panzerkampfwagen T-26 741 (r)«.

T-26 (EIN-TURM-AUSFÜHRUNG)	
Gefechtsgewicht, t	9,4
Abmessungen:	
- Länge, mm	4620
- Breite, mm	2440
- Höhe, mm	2330
Besatzung	3 Mann
Bewaffnung	1 x 45 mm Kanone 1932
	1 x 7,62 mm Maschinengewehr DT
Kampfbeladung	136 Granaten 45 mm
	2848 Patronen 7,62 mm
Panzerung:	
- Wannenfront, mm	16
- Turmfront, mm	25
Motortyp	Ottomotor T-26
Leistung, PS	90
Höchstgeschwindigkeit, km/h	30
Fahrbereich, km	130

Leichte Rad-/Ketten-Panzerkampfwagen Baureihe BT

In den 1930er-Jahren stellte die Rote Armee Panzer- und mechanisierte Verbände für Operationen in der Tiefe des Raums auf. Sie waren mit Rad-/Kettenpanzern der BT-Familie (BT = быстроходный танк, *Bystrochodnyj Tank* = schneller Panzer) ausgestattet.

BT-2, das erste Glied der Familie, wurde auf Grundlage des M.1940 des US-amerikanischen Konstrukteurs J.W. Christie entwickelt und im Mai 1931 bei der Roten Armee eingeführt.

Die kastenförmige Wanne bestand aus genieteten, 13 mm dicken Panzerblechen. Vorn befand sich die Einstiegsluke des Fahrers. Der genietete Rundturm nahm eine 37-mm-Kanone B-3 und ein Panzer-MG 7,62 mm DT auf. Einige Panzer erhielten das Zwillings-MG DA-2.

Die BT-Panzer waren für hohe Marschgeschwindigkeiten auf der Straße und im Gelände ausgelegt. Dank des doppelten Laufwerks war sowohl der Marsch auf Rädern als auch auf Ketten möglich. Auf jeder Seite befanden sich vier große gummibeschichtete Laufräder; die hinteren fungierten als Antriebsräder und die vorderen als steuerbare Leiträder. Der Wechsel von Rad auf Kette und umgekehrt nahm etwa 30 Minuten in Anspruch.

Selbst auf der Kette brachte es der BT auf Geschwindigkeiten bis zu 52 km/h; wobei er Steigungen bis zu 42°, bis zu 3,5 m breite Gräben und bis zu 55 cm hohe Hindernisse überwand. Der Marsch auf Rädern erfolgte sinnvoller Weise nur auf Straßen oder geeignetem festem Untergrund. Dabei machte der BT mit einer Höchstgeschwindigkeit von 72 km/h seinem Namen alle Ehre.

Im Zuge von Produktion und Truppenverwendung stellten sich beim BT-2 etliche Mängel heraus, die als Kinderkrankheiten im Prinzip für jedes neue Fahrzeug typisch sind. Zur Verbesserung von Leistung und Gefechtstauglichkeit wurden daher folgende Änderungen vorgenommen: Einbau des sowjetischen Motors M-5, Verstärkung des Laufwerks, Vergrößerung des Turms und Einbau einer Hecknische. In der Hecknische von Befehlspanzern kam das Funkgerät unter, ansons-

BT-5 bei einem Manöver des Jahres 1939.

Ein BT-7 unterstützt einen unter Artilleriefeuer liegenden Infanterieangriff in deckungslosem Gelände.

Schematische Vierseiten-Darstellung des BT-5…

ten wurde sie als Munitions-Stauraum verwendet. Anstelle der 37-mm- trat eine 45-mm-Kanone und ein Zwillings-MG DT. Bei der 45-mm-Kanone handelte es sich um die Panzerversion der sowjetischen Standard-Pak M1937 (vgl. Teil 1), die seinerzeit die Panzerung sämtlicher potenzieller Feindpanzertypen durchschlug. Die Visiereinrichtung bestand aus dem ZF TOP und einem periskopischen Panoramavisier PT-1. Den so kampfwertgesteigerten Panzer übernahm die Rote Armee 1933 unter der Bezeichnung BT-5.

1935 ging der weiter verbesserte BT-7 in Serie. Dieses Modell wurde bis 1940 produziert und später durch den T-34 ersetzt. Im Vergleich zum BT-5 erhielt der BT-7 eine geschweißte Wanne, einen geschweißten elliptischen Turm mit ausgeprägten Schrägungen, den zuverlässigeren Motor M-17 T und einen größeren Kraftstofftank. Auch das Getriebe wurde verbessert und einige BT-7 stattete man mit einem zusätzlichen Heck-MG DT in der Turmnische aus. Andere erhielten noch ein

…und zusätzliche Schrägansicht.

RAD-/KETTEN-PANZERKAMPFWAGEN BT-7	
Gefechtsgewicht, t	13,8
Abmessungen:	
- Länge, mm	5660
- Breite, mm	2230
- Höhe, mm	2700
Besatzung	3 Mann
Bewaffnung	1 x 45 mm Kanone 1934
	1 x 7,62 mm Maschinengewehr DT
Kampfbeladung	132-146 Granaten 45 mm
	2394 Patronen 7,62 mm
Panzerung:	
- Wannenfront, mm	22
- Turmfront, mm	13
Motortyp	Ottomotor M-17T
Leistung, PS	400-500
Höchstgeschwindigkeit Rad, km/h	72
Höchstgeschwindigkeit Kette, km/h	52
Fahrbereich Rad/ Kette, km	500/350

Fla-MG P-40. Der Richtschütze zielte über ein neues ZF mit Stabilisierung. Aufgrund der negativen Erfahrungen mit den bisherigen Rahmenantennen erhielten Befehlspanzer jetzt Stabantennen.

Vom BT-7 gab es folgende Ausführungen:
- **BT-7: Leichter Panzerkampfwagen ohne Funk, ab 1937 mit konischem Turm;**
- **BT-7RT: Befehlspanzer mit Funkgerät 71-TK-1 oder 71-TK-Z; ab 1937 mit konischem Turm;**
- **BT-7A: Artilleriepanzer mit 76,2-mm-Kanone KT-28 und drei DT-MG;**
- **BT-7M: Mit Dieselmotor B-2.**

Leichter Rad-/Ketten-Panzerkampfwagen BT-2.

Der BT-7M als Vollendung der BT-Reihe erfreute sich in der Truppe großer Beliebtheit. Allerdings war auch seine Zeit auf Grund unzureichender Panzerung und durchschlagskräftiger 37-mm- und 45-mm-Panzerabwehrkanonen bald abgelaufen

In der Wehrmacht hießen Panzer der BT-Familie »Panzerkampfwagen BT 742 (r)«.

Leichter Rad-/Ketten-Panzerkampfwagen BT-5, bei der Roten Armee im Jahr 1933 eingeführt.

Leichter Panzerkampfwagen T-50

Der Typ wurde vom Konstruktionsbüro der Maschinenbaufabrik Nr. 174 in Leningrad entwickelt. Er sollte soliden Panzerschutz mit einer starken Bewaffnung und hervorragenden Fahreigenschaften, dank eines leistungsstarken Dieselmotors, kombinieren. Der Prototyp war im Januar 1941 fertig und die Rote Armee übernahm ihn nach bestandener Erprobung im Februar als T-50. Nach den Plänen des Volkskommissariats für Verteidigung hätte der T-50 zum Standard-Panzerkampfwagen der Roten Armee in den Panzerabteilungen der Schützendivisionen und der neuen mechanisierten Korps werden sollen. Schätzungen des Gesamtbedarfs beliefen sich auf 14.000 Kampfwagen. Der T-50 war nach klassischer sowjetischer Anordnung mit Fahr- und Kampfraum im vorderen-mittleren sowie Motor und Getriebe im hinteren Teil der Wanne aufgebaut. Der Rumpf bestach durch seine ausgeprägte Schrägung mit großen Neigungswinkeln der geschweißten, 15, 20, 30 und 37 mm dicken Panzerplatten. Auf den ersten Blick kann man ihn deshalb mit dem späteren T-34 verwechseln. Die 37 mm dicke Frontpanzerung erhielt eine zusätzliche Beschichtung, weshalb sie vor Pak-Beschuss sogar besser schützte als die 45 mm dicke Panzerung des T-34.

Der flüssigkeitsgekühlte Sechszylinder-Dieselmotor W-4 wurde durch einen Schwungkraftanlasser per Handkurbel oder mithilfe eines Elektromotors gestartet.

Das Getriebe bestand aus einer Zweischeiben-Trockenkupplung, einer Viergangschaltung sowie Rutschkupplung und Seitenkupplung. An jeder Seite des Fahrgestells befanden sich sechs Laufrollen ohne Gummibeschichtung, drei Stützrollen, das Leitrad und das hinten platzierte Antriebsrad. Das Laufwerk zeichnete sich insbesondere durch seine Drehstabfederung aus, das dem Panzer ausgezeichnete Geländegängigkeit verlieh. Er überwand Steigungen bis zu 45°, 2,2 m breite Gräben und bis zu 70 cm hohe Hindernisse souverän. Obwohl der T-50 ursprünglich

Vom T-50 wurden nur etwa 65 Stück gebaut. Wanne und Turm erinnern stark an den T-34. Die Wanne besaß ringsum die gleiche Panzerstärke von 37 mm, was dem leichten Kampfwagen einen für seine Klasse guten Schutz verlieh.

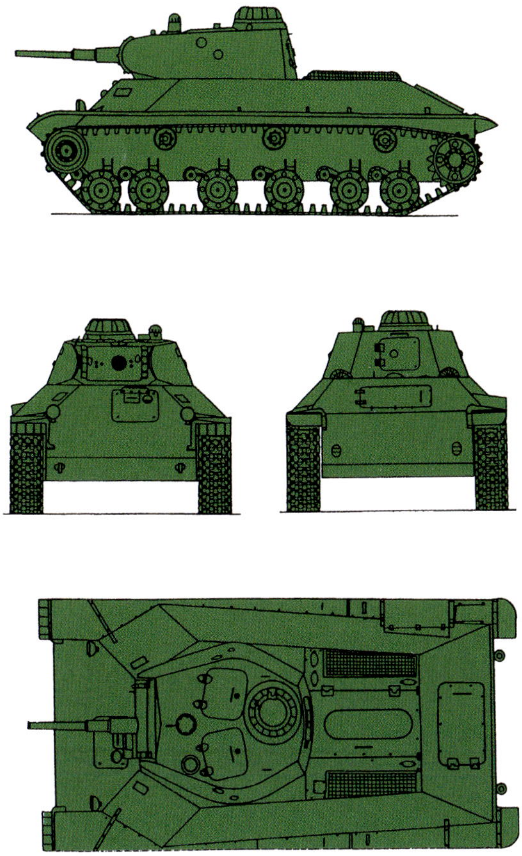

Schematische Vierseiten-Darstellung des T-50.

als Infanterie-Unterstützungspanzer vorgesehen war, brachte er es auf eine Höchstgeschwindigkeit von 50 km/h. Der Turm verfügte über eine Kommandantenkuppel mit Sehschlitzen zur Gefechtsfeldbeobachtung, außerdem befand sich im Kampfraum ein Funkgerät und eine Bordsprechanlage.

Der Anlauf zur Serienfertigung im Werk Nr. 174 ging nur langsam vonstatten, was sich zum Teil auf die moderne Konzeption des T-50 zurückzuführen ließ – im Gegensatz zum T-26, den das Werk vorher produzierte, stellte sie technisch höhere Anforderungen. 1941 konnte das Werk unter großen Anstrengungen nur 50 Panzer bauen. Im August 1941 wurde das Werk evakuiert – der größte Teil kam nach Omsk in Südwestsibirien, wo die Produktion im Dezember wieder anlief; andere Teile kamen nach Barnaul in Westsibirien und Nischni Tagil im mittleren Ural. Ein Versuch, die Produktion des T-50 im Moskauer Werk Nr. 37 aufzunehmen, verlief wenig erfolgreich – die Moskauer kamen kaum mit der Fertigung des 5-Tonners T-40 hinterher, und der T-50 mit seinen 14 Tonnen überforderte eindeutig die Kapazitäten des Werks. Das Haupthindernis für die Serienproduktion lag jedoch in der mangelnden Verfügbarkeit von Dieselmotoren W-2, denn diese wurden vorrangig zur Fertigung des T-34 gebraucht. So wurden beispielsweise im nach dem Ural ausgelagerten Werk Nr. 75 in Tscheljabinsk fertige Motoren W-4 kannibalisiert, um an Teile für W-2-Motoren zu gelangen. Daher beschloss das Staatliche Verteidigungskomitee am 13. Oktober 1941, im westsibirischen Barnaul zwei weitere Werke zu bauen: eines für die Produktion von T-50 und das andere für die Herstellung von Motoren W-4. Aber bereits am 6. Februar 1942 erging der Beschluss, die Fertigung des T-50 und entsprechender Motoren für ihn ganz einzustellen.

Der gesamte Ausstoß an T-50 belief sich schätzungsweise auf lediglich 63–65 Stück. Einige kamen bei der sowjetischen 1. Panzerdivision zum Einsatz.

PANZERKAMPFWAGEN T-50	
Gefechtsgewicht, t	14,5
Abmessungen:	
- Länge, mm	5200
- Breite, mm	2450
- Höhe, mm	2165
Besatzung	4 Mann
Bewaffnung	1 x 45 mm Kanone 1938
	1 x 7,62 mm Maschinengewehr DT
Kampfbeladung	150 Granaten 45 mm
	4000 Patronen 7,62 mm
Panzerung:	
- Wannenfront, mm	37
- Turmfront, mm	37
Motortyp	Dieselmotor W-4
Leistung, PS	300
Höchstgeschwindigkeit, km/h	50
Fahrbereich, km	344

Leichter Panzerkampfwagen T-50 mit langer 45-mm-Kanone.

Leichter Panzerkampfwagen T-60

Im Mai 1941 erhielt das Werk Nr. 37 in Moskau den Auftrag, die Serienproduktion des T-50 zu übernehmen. Chefkonstrukteur Nikolai Astrow bewertete dessen bescheidene Produktionskapazitäten und begründete in seinem Brief an Josef Stalin, warum es unmöglich war, den Panzer T-50 hier zu produzieren. Im Gegenzug schlug er vor, die Fertigung eines neuen leichten Panzers auf der Grundlage des im Werk hergestellten T-40 kurzfristig aufzunehmen. Astrows Vorschlag wurde auf einer Sitzung des Staatlichen Verteidigungsausschusses geprüft, das schließlich am 17. Juli 1941 die Resolution Nr. 179 »Über die Herstellung von leichten Panzerkampfwagen T-60 im Werk Nr. 37 des Volkskommissariats für Maschinenbau« verabschiedete.

Der T-60 wurde ursprünglich in der Version T-60 (30) hergestellt, die bis auf den gepanzerten Schutzschild im vorderen Teil der Wanne praktisch dem Modell T-40 glich. Die Hauptvariante des T-60 beruhte tatsächlich auf einer tiefgreifenden Modernisierung des T-40. Im Vergleich zu diesem verfügte der T-60 über eine stärkere Panzerung und bessere Bewaffnung – eine 20-mm-Kanone anstelle eines großkalibrigen Maschinengewehrs. Der T-60 war der erste serienmäßige Panzer mit Heizung für die Motorkühlflüssigkeit. Die Modernisierung verbesserte die grundlegenden Kampfeigenschaften des Panzers und vereinfachte seine Konstruktion, schränkte aber gleichzeitig die Einsatzmöglichkeiten ein, da die Schwimmfunktion nicht mehr vorhanden war. Ähnlich wie der T-40 verfügte der T-60 über vier gummierte, drehstabgefederte Laufrollen und

T-60 bei der Parade zum Jahrestag der Oktoberrevolution am 7. November 1941 auf dem Roten Platz in Moskau.

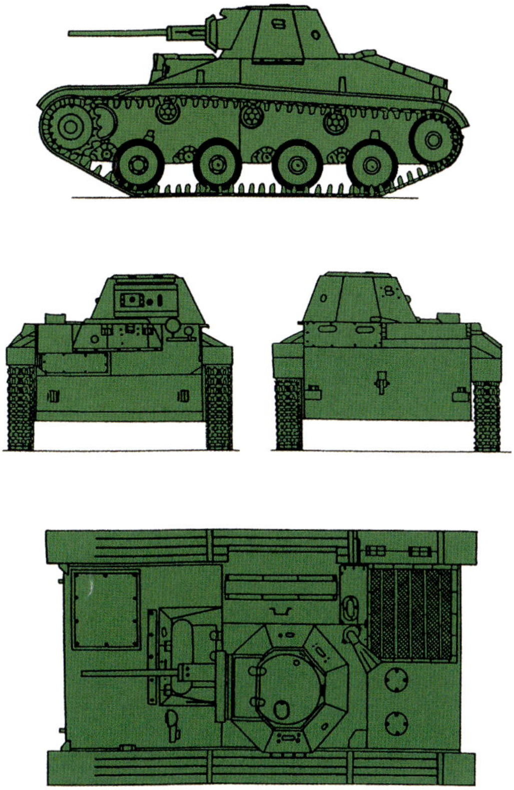

Schematische Vierseiten-Darstellung des T-60.

drei Stützrollen sowie ein Antriebsrad vorn und ein Leitrad hinten.

Trotz einer deutlichen Gewichtszunahme wegen der Panzerung blieben die Geschwindigkeit und Geländegängigkeit des Panzers T-60 gegenüber dem Modell T-40 nahezu unverändert. Er erreichte Geschwindigkeiten von bis

FERTIGUNGSZAHLEN PANZERKAMPFWAGEN T-60

Jahr	1941	1942	1943	insgesamt
Werk Nr. 37, Moskau	245	-	-	**245**
Werk Nr. 37, Swerdlowsk	27	1158	55	**1240**
Werk Nr. 38, Kirow	-	539	-	**539**
Werk Nr. 264, Krasnoarmejsk	45	1141	-	**1186**
GAS, Gorki	1124	1639	-	**2763**

Nikolai Astrow, Chefkonstrukteur beim Werk Nr. 37 in Moskau.

Nikolai Astrow, nach Ende des Krieges mit ordensgeschmückter Heldenbrust.

Zerstörter T-60.

zu 45 km/h und bewältigte Steigungen bis zu 29°, 1,7 m breite Gräben und bis zu 65 cm hohe Hindernisse.

Die Bewaffnung bestand aus einer automatischen 20-mm-Kanone TNSch-20 und einem 7,62 mm Panzer-MG DT mit stattlicher Kampfbeladung. Als Richtmittel diente das Zielfernrohr TMFP-1.

Die einfache Produktion in Autofabriken, mit großzügigem Einsatz von Lkw- und Pkw-Bestandteilen war unter den herrschenden Bedingungen der Hauptvorteil des T-60. Bereits am 15. Januar 1941 lief im Moskauer Werk Nr. 37 der erste in Serie gebaute T-60 vom Band. Die Evakuierung des Werks am 26. Oktober 1941 bedeutete jedoch nach insgesamt hergestellten 245 Fahrzeugen das Ende der Fertigung in Moskau. Anstelle wie ursprünglich geplant nach Taschkent, wurde das Moskauer Werk nach Swerdlowsk in den Ural ausgelagert, wo ein neues Panzerwerk Nr. 37 sich ab dem 15. Dezember an die Fertigung der ersten zwei Dutzend T-60 machte. Sie bestanden hauptsächlich aus den aus Moskau mitgebrachten Bauteilen und rollten schon am 1. Januar 1942 auf den Straßen von Swerdlowsk. Bis September 1942 entstanden dort insgesamt 1240 T-60, danach wurde das Panzerwerk Nr. 37 für anderweitige Produktionen umgebaut.

Das ebenfalls auf der Grundlage von einigen evakuierten Fabriken in Kirow gegründete Werk Nr. 38 produzierte die ersten T-60 im Januar 1942, im Februar 1942 lief die Serienproduktion an. Im

PANZERKAMPFWAGEN T-60	
Gefechtsgewicht, t	5,8-6,4
Abmessungen:	
- Länge, mm	4100
- Breite, mm	2392
- Höhe, mm	1750
Besatzung	2 Mann
Bewaffnung	1 x 20 mm Kanone SchWAK-20 (TNSch)
	1 x 7,62 mm Maschinengewehr DT
Kampfbeladung	780 Granaten 20 mm
	945 Patronen 7,62 mm
Panzerung:	
- Wannenfront, mm	35
- Turmfront, mm	55
Motortyp	Ottomotor GAS-22
Leistung, PS	70
Höchstgeschwindigkeit, km/h	45
Fahrbereich, km	450

ersten Vierteljahr 1942 wurden 241 Panzer produziert, bis Juni 1942 weitere 539.

Das Werk Nr. 264 in Krasnoarmeysk, das zuvor Flusspanzerboote produziert hatte, stellte im Dezember 1941 die ersten 45 T-60 her. Bis Juni 1942 belief sich die Stückzahl auf 1186 Fahrzeuge, von denen ein bedeutender Teil an den Kämpfen um Stalingrad teilnahm.

Die meisten T-60 wurden jedoch im Automobilwerk in Gorki *(Gorkowski Awtomobilny Sawod,* GAS) hergestellt, das im September 1941 die ersten drei, im Oktober 215 und im November 471 auslieferte. Bis Ende 1941 wurden in Gorki (heute Nischni Nowgorod, ca. 400 km östlich Moskau) 1124 T-60 gebaut und 1942 weitere 1639. Alle Werke zusammen brachten es auf eine Gesamtzahl von 5973 Stück (nach anderen Angaben 5920).

Aufgrund der hohen Verluste hieß der T-60 bei den Rotarmisten »Selbstmordpanzer«. Die weitere Herstellung dieses Modells lässt sich hauptsächlich durch den Wunsch erklären, die Verluste im Sommer und Herbst 1941 so schnell wie möglich auszugleichen.

Auf Grundlage des T-60 wurde der Mehrfachraketenwerfer BM-8-24 (vgl. Teil 1) entwickelt und serienmäßig hergestellt.

Eines der interessantesten Projekte auf der Grundlage des T-60 stellt der Segler »KT« (крылья танка, *Krylja Panzera* = Panzerflügel) dar, den das Oleg-Antonow-Konstruktionsbüro Ende 1941 entwickelte. Es handelte sich um den Versuch, den leichten Panzer mithife eines mit Tragflächen und mit einer Segelfliegerkabine versehenen Gerüstes in die Luft zu bringen. Der Panzer-Segler wurde im Herbst 1942 getestet. Das Schleppflugzeug TB-3 mit Kommandant P.A. Eremejew brachte den KT-Gleiter mit S.N. Anochin am Steuer zwar erfolgreich in die Luft, aber die TB-3-Motoren aufgrund der hohen Masse des KT und seiner aerodynamisch ungünstigen Form aber auch an die Grenzen ihrer Leistungsfähigkeit. Bei Vollast erreichte der Schleppzug zwar eine Geschwindigkeit von 130 km/h, kam aber über eine Flughöhe von 40 m nicht hinaus. Ergo versuchte man es mit einem leistungsfähigeren Schleppflugzeug in Gestalt des viermotorigen Fernbombers Pe-8, der u. a. im Sommer 1941 für einen allerdings kläglich gescheiterten Luftangriff auf Berlin eingesetzt worden war. Vom Pe-8 waren nur 80 Stück gebaut worden, so dass die Aufstellung einer ausreichend großen Schleppflotte zur Luftverbringung von T-60, deren Einsatz hinter der Front ja nur geballt Sinn machte, unrealistisch war. Daher wurde die weitere Arbeit am KT-Projekt eingestellt.

Die Wehrmacht führte Beutepanzer T-60 als »Panzerkampfwagen T-60 743 (r)«.

Der Ende 1941 vom Konstruktionsbüro Oleg-Antonow konstruierte »KT«-Segler (*Krylja Panzera* = Panzerflügel) stellte den Versuch dar, den T-60 mittels Tragflächen im Luftschlepp zu transportieren.

T-60 als Zugmittel für 76,2-mm-Divisionskanonen M1942 (SIS-3).

Leichter Panzerkampfwagen T-60. Die Bewaffnung bestand aus einer 20-mm-Maschinenkanone und einem MG.

Leichter Panzerkampfwagen T-70

Wenige Monate nach Beginn der Serienproduktion des T-60 trat dessen minderer Gefechtswert offen zutage. Alle deutschen Panzerabwehrwaffen durchschossen problemlos die dünne Panzerung und die Bewaffnung des T-60 war zur Bekämpfung von Feindpanzern viel zu schwach. Motor und Getriebe hielten längeren Belastungen nicht stand. Eine bloße Verstärkung von Panzerung und Bewaffnung hätte unvermeidlich zu einer starken Gewichtszunahme geführt, was wiederum den Motor vollkommen überlastet hätte.

Aus diesen Gründen machte sich das Konstruktionsbüro des Automobilwerks in Gorki unter Leitung von Nikolai Astrow an die Entwicklung eines neuen leichten Panzerkampfwagens auf Grundlage des T-60. Dieser erhielt die Werksbezeichnung GAS-70; die Rote Armee übernahm ihn am 6. März 1942 als T-70. Zwei Tage später verabschiedete das Staatliche Verteidigungskomitee die Resolution über die Herstellung des T-70 im Automobilwerk Gorki sowie in den Werken Nr. 37 und 38.

Der T-70 unterschied sich vom T-60 durch stärkere Panzerung und Bewaffnung sowie die zwei in Reihe angeordneten Sechszylinder-Ottomotoren. Die Ausführung T-70M, deren Produktion im September 1942 anlief, erhielt ein verstärktes Fahrwerk mit vergrößerten Antriebsrädern, breiteren Lauf- wie Stützrollen und eine von 260 mm auf 300 mm verbreiterte Kette. Für die ersten T-70 war keine Funkausstattung vorgesehen. Später erhielten Kompanie- und Zugführer-Panzer Funkgeräte des Typs 12RT oder 9R sowie alle Panzer eine Bordsprechanlage. Im Laufe der Fertigung wurden Änderungen im Produktionsprozess vorgenommen, beispielsweise wurde die homogene Panzerung nach dem von Technologen des Werkes Nr. 264 entwickelten Verfahren einer Oberflächenhärtung unterzogen. Infolgedessen erhöhte sich bei gleicher Panzerdicke der ballistische Widerstand etwas.

FERTIGUNGSZAHLEN T-70 UND T-70M

Jahr	1942	1943	insgesamt
Werk Nr. 37, Swerdlowsk	10	-	**10**
Werk Nr. 38, Kirow	-	1378	**1378**
GAS, Gorki	3495	3348	**6843**

T-70 mit aufgesessener Infanterie.

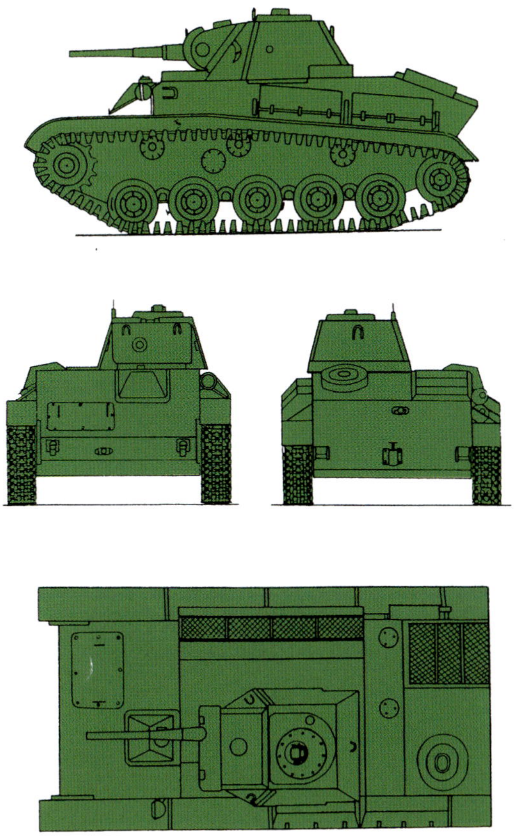

Schematische Vierseiten-Darstellung des T-70.

Nach der Schlacht von Kursk im Juli 1943 war die Führung der Roten Armee der Ansicht, man könne auf den Leichtpanzer T-70 verzichten. Sie legte den Schwerpunkt vielmehr auf die Produktion von Sturmgeschützen SU-76M auf Grundlage des T-70. Im Oktober 1943 lief daher die Ferti-

Von deutscher Pak abgeschossener T-70.

Bahntransport leichter T-70 zur Front.

Propaganda-Aufnahme aufgesessener Schützen mit Waffe im Anschlag auf T-70.

PANZERKAMPFWAGEN T-70	
Gefechtsgewicht, t	9,2
Abmessungen:	
- Länge, mm	4285
- Breite, mm	2420
- Höhe, mm	2040
Besatzung	2 Mann
Bewaffnung	1 x 45 mm Panzerkanone 1938
	1 x 7,62 mm Maschinengewehr DT
Kampfbeladung	90 Granaten 45 mm
	945 Patronen 7,62 mm
Panzerung:	
- Wannenfront , mm	45
- Turmfront, mm	35
Motortyp	Ottomotor GAS-203
Leistung, PS	2 x 70
Höchstgeschwindigkeit, km/h	45
Fahrbereich, km	450

gung des T-70 offiziell aus. Dennoch erhielt die Truppe weiterhin den »Siebziger«, zumal noch viele Wannen vorhanden waren, die verbraucht werden mussten.

Die genannten drei Fabriken stellten insgesamt 8231 Panzer T-70 her, die schwerpunktmäßig in den 1942 aufgestellten Panzerbrigaden zum

Leichter Panzerkampfwagen T-70.

Einsatz kamen. Eine Abteilung der Brigade führte T-34, die andere gemischte Abteilung bestand aus einer Kompanie T-34 (zehn T-34) und zwei Kompanien T-70 (je zehn T-70) sowie einem weiteren T-70 im Abteilungsstab.

Ansonsten ging der T-70 den Kompanien selbstständiger Panzerregimenter zu, wo sie in Panzerabteilungen und Kradschützen-Regimentern eingesetzt wurden. In Sturmgeschütz- Regimenten mit SU-76 diente der T-70 als Stabsfahrzeug.

Leichter Panzerkampfwagen T-80

Die Einsatzanalyse des T-70 zeigte, dass eine Zwei-Mann-Besatzung unzureichend war: Der Panzerkommandant musste gleichzeitig noch Lade- und Richtschütze sein, was zu Lasten der Führung des Fahrzeugs und einer ausreichend hohen Feuerfolge ging. Darüber hinaus zwangen ständig verbesserte Panzerabwehrwaffen zur Erhöhung des Panzerschutzes. So entwickelte das GAS-Konstruktionsbüro in Gorki 1943 den Leichten Panzerkampfwagen T-80 mit verstärktem Panzerschutz für eine dreiköpfige Besatzung. Die Panzerung der Wanne kletterte am Bug auf 35–45 mm und an den Seiten und am Heck auf 25 mm; die Turmfront schützten 35 mm. Der geschweißte, sechseckige Panzerturm wies eine nur geringe Abschrägung auf, um genügend Platz für die Unterbringung von zwei Besatzungsmitgliedern zu schaffen.

Die Schweißverbindungen der Turmteile wurden zusätzlich verstärkt und die Kanonenblende für Bordkanone, Koaxial-MG und Optik maß 45 mm Panzerstahl. Der Höhenrichtbereich der Kanone betrug bis zu 65°, wodurch sich auch höher gelegene Ziele (etwa im Ortskampf) und Flugziele bekämpfen ließen. Die Kommandantenluke befand sich in einer kleinen Kuppel, deren Lukendeckel mit einem drehbaren Winkelspiegel ausgestattet war. Der Panzerfahrer stieg über eine Luke links des Kommandanten ein und aus. Ähnlich wie der T-70 erhielt der T-80 eine 45-mm-Kanone und ein 7,62-mm-MG DT. Neben dem ZF TMF wurde ein Kollimatorvisier K-8T eingebaut. Als Antrieb dienten zwei flüssigkeitsgekühlte Sechszylindermotoren des neuen Typs GAS-80 mit einer Gesamtleistung von 170 PS. Fahrwerk, Aufhängung und Fahrleistung entsprachen im Wesentlichen dem T-70M.

T-80 mit 45-mm-Kanone in höchster Rohrstellung zur Fliegerabwehr.

T-80 im Panzermuseum Kubinka bei Moskau.
(Foto: © CC-BY-SA-3.0)

PANZERKAMPFWAGEN T-80	
Gefechtsgewicht, t	11,6
Abmessungen:	
- Länge, mm	4285
- Breite, mm	2500
- Höhe, mm	2170
Besatzung	3 Mann
Bewaffnung	1 x 45 mm Panzerkanone 1938
	1 x 7,62 mm Maschinengewehr DT
Kampfbeladung	94 Granaten 45 mm
	1008 Patronen 7,62 mm
Panzerung:	
- Wannenfront, mm	45
- Turmfront, mm	35
Motortyp	Ottomotor GAS-80
Leistung, PS	2 x 85
Höchstgeschwindigkeit, km/h	45
Fahrbereich, km	350

Der Panzer war für die Serienproduktion im Werk Nr. 40 in Mytischtschi vorgesehen, das aber nach 81 Panzern die Fertigung einstellte. Einer der Gründe lag bei den Schwierigkeiten in der Herstellung des neuen GAS-80-Motors. Außerdem gab es ja bereits den wesentlich effizienteren mittleren Panzerkampfwagen T-34, der sich aufgrund vorangegangener Rationalisierungen deutlich billiger und weniger arbeitsintensiv herstellen ließ.

Der T-80 sollte das Modell T-70 in Panzerbrigaden, selbstständigen Panzerregimenten und -abteilungen ersetzen. Als er die Truppe erreichte, war bereits eine neue Gliederung in Kraft getreten, welche die leichten Panzerkampfwagen in der entsprechenden Verwendung nicht mehr vorsah. Daher wurden T-80 und übrig gebliebene T-70 in gepanzerten Aufklärungsabteilungen zusammengefasst. Eine Anzahl T-80 ging zu Ausbildungszwecken an Panzerschulen.

Leichter Panzerkampfwagen T-80.

MITTLERE PANZERKAMPFWAGEN

Nach der in der UdSSR in der Vorkriegszeit gängigen Klassifizierung galten Panzer mit einem Gefechtsgewicht bis zu 30 Tonnen als mittlere Panzerkampfwagen. Ihre Bewaffnung bestand aus einer mittelschweren Kanone und Maschinengewehren. In den 1930er-Jahren bildete der mehrtürmige T-28 den einzigen mittleren Panzertyp der Roten Armee. Er gehörte zur Ausstattung von Panzerbrigaden der Reserve des Oberkommandos. Diese Brigaden sollten befestigte Verteidigungslinien des Feindes durchbrechen und den Weg für Vorstöße in die Tiefe des Raumes bereiten. Die ab Mitte der 1930er Jahre gesteigerte Wirksamkeit der Panzerabwehr machte es notwendig, ihren Panzerschutz radikal zu verstärken, was wiederum unter Beibehaltung mehrerer Türme zu einer Steigerung von Gewicht und Größe führte. So ergab sich die Notwendigkeit, auf die Konfiguration mit nur einem Turm umzusteigen. Der T-34 stellte den ersten in der Sowjetunion entwickelten mittleren Panzerkampfwagen mit nur einem Drehturm dar. Er vereinte in idealer Weise Formgebung, Beweglichkeit, Panzerschutz und starke Bewaffnung. Die Anpassung der Konstruktion an leistungsfähigere Produktionsmethoden und die Konzentration auf einen Typ ermöglichte in den Kriegsjahren den Aufbau einer Massenfertigung von Abertausenden T-34. Nicht ohne Grund wurde er mit über 50.000 Stück der meistgebaute Panzer des 2. Weltkriegs.

Mittlerer Panzerkampfwagen T-28

Der mittlere Panzerkampfwagen T-28 wurde von dem zum Unionsverband für Waffen und Munition gehörenden Konstruktionsbüro für Traktoren und Panzer unter Semion Ginsburg entwickelt. Als Vorbild diente der damals modernste 16-t-Panzer der britischen Firma Vickers. Projektstudien liefen bis Juli 1931 und am 23. Oktober 1931 wurde der Vertrag über die Entwicklung, Erstellung von Werkzeichnungen und den Bau zweier Prototypen des späteren T-28 unterzeichnet. Die Erprobung des ersten Musterfahrzeugs fand am 29. Mai 1932 statt. Nach den Ergebnissen wurden die Entwurfszeichnungen korrigiert und danach der zweite Prototyp erstellt, der zum Mustermodell für die Serienproduktion wurde. Die Rote Armee führte den T-28 im August 1933 ein, und das

Den mittleren Panzerkampfwagen T-28 führte die Rote Armee 1933 ein. Damals zählte er zu den leistungsstärksten, am besten bewaffneten und gepanzerten Serien-Panzerkampfwagen der Welt. Die Bewaffnung bestand aus einer 76,2-mm-Kanone und vier Maschinengewehren. Hier die Ausführung T-29 mit BT-7-Laufwerk.

Schematische Vierseiten-Darstellung des T-28.

PANZERKAMPFWAGEN T-28	
Gefechtsgewicht, t	25,2
Abmessungen:	
- Länge, mm	7360
- Breite, mm	2870
- Höhe, mm	2620
Besatzung	6 Mann
Bewaffnung	1 x 76,2 mm Kanone KT-28 oder PS-3
	4 x 7,62 mm Maschinengewehr DT
Kampfbeladung	69-70 Granaten 76,2 mm
	7938 Patronen 7,62 mm
Panzerung:	
- Wannenfront, mm	30
- Turmfront, mm	20
Motortyp	Ottomotor M-17P
Leistung, PS	500
Höchstgeschwindigkeit, km/h	37-40
Fahrbereich, km	180

Leningrader Kirow-Werk fertigte ihn bis 1940. Wie oben erwähnt, gehörte er zur Ausstattung der Panzerbrigaden der Reserve des Oberkommandos, die an Frontschwerpunkten Durchbrüche erzielen sollten. Zum Zeitpunkt der Übernahme zählte der T-28 zu den leistungsstärksten, am besten bewaffneten und gepanzerten Serien-Panzerkampfwagen der Welt. Als Besonderheit stachen seine drei Drehtürme hervor. Der Hauptturm im mittleren Teil entlang der Rumpfachse des Panzers nahm eine 76,2-mm-Kanone KT-28 (oder PS-3) und zwei DT-Maschinengewehre auf. Der Turm verfügte über eine elektrischen Antrieb und ließ sich um 360 Grad schwenken. Die Zielvorrichtung bestand aus einem periskopischen Visier PT-1, dem Kommandanten-Panoramavisier PTK und dem Zielfernrohr TOP. Vor dem Hauptturm waren die beiden kleineren MG-Türme mit Schwenkbereich 220 Grad angeordnet. Das etwas eigenartige Laufwerk setzte sich aus 12 Laufrollen je Seite zusammen, paarweise zu sechs Rollenwagen gekoppelt. Schürzen aus Panzerblech schützten die Rollen. Die Gleiskette lief oben auf vier Gummi-ummantelten Stützrollen; das Antriebsrad am Heck verfügte über einen abnehmbaren Zahnkranz. Die Konstruktion des Fahrwerks verschaffte dem Fahrzeug hohe Laufruhe und gute Geländegängigkeit, zumal der Bodendruck

T-28 mit Rahmenantenne als Befehlspanzer.

FERTIGUNGSZAHLEN MITTLERER PANZERKAMPFWAGEN T-28									
Jahr	1933	1934	1935	1936	1937	1938	1939	1940	Insgesamt
Zahl der gefertigten T-28	40	50	32	101	39	96	131	13	503

Mittlerer Panzerkampfwagen T-28.

gering ausfiel. Der T-28 bewältigte mit seinen 25 t Steigungen bis 45^0, überschritt 3,5 m breite Gräben und überkletterte bis zu 1 m hohe Hindernisse. Vom T-28 gab es eine Rad-/Kettenvariante T-29 mit vier großen Laufrollen je Seite. Beim Fahren auf Rädern wurden die drei hinteren angetrieben und mit dem vorderen gesteuert. Testpanzer erreichten unter guten Straßenverhältnissen so Geschwindigkeiten von bis zu 80 km/h. Beim Fahren auf Ketten betrug die Höchstgeschwindigkeit 55 km/h. Die Geländegängigkeit entsprach dem T-28. Die Konstruktion des Fahrwerks sah außerdem eine spezielle Synchronisierung vor, die das Fahren mit einer einseitig aufgezogenen Kette ermöglichte.

Alle T-28 wurden mit Funkanlagen 71-TK-1 oder 71-TK-3 sowie Bordsprechanlagen für sechs Teilnehmer oder Sprechanlagen »Safar« ausgestattet. Erfahrungen des sowjetisch-finnischen Winterkrieges 1939/40 zeigten die Notwendigkeit, den Schutz durch zusätzliche Panzerplatten auf der Hauptpanzerung zu verstärken. Außerdem stieg man auf konische Türme um, die besseren Schutz boten. Das Grundmodell des T-28 diente häufig zu konstruktiven Versuchszwecken. So entstand

ein Prototyp mit hydromechanischem Getriebe, ein Panzer mit drehstabgefederten Laufrollen, ein Modell mit Minenpflug, ein Brückenleger und ein Fahrzeug zur Fernzündung von Minen durch elektromagnetische Wellen.

Der T-28 nahm an den Kämpfen des sowjetisch-finnischen Winterkrieges, an Militäraktionen in der Westukraine und in Weißrussland sowie wahrscheinlich auch am Polenfeldzug teil.

Zu Beginn des Krieges mit Deutschland verfügte die Rote Armee über lediglich 411 T-28. Sie gehörten zu Abteilungen mehrerer in den Militärbezirken an der Staatsgrenze stationierten Panzerregimentern (die zuvor mit T-28 ausgerüsteten Panzerbrigaden RGK waren bereits aufgelöst worden).

Die deutsche Wehrmacht bezeichnete wieder verwendete T-28 als »Panzerkampfwagen T-28 746 (r)«.

Mittlerer Panzerkampfwagen T-34/76

»Die Ausstattung mit gepanzerten Kampfwagen im dritten Fünfjahresplan« (1938–1942) sah für die Rote Armee einen einheitlichen mittleren Panzerkampfwagen vor, der in zwei Ausführungen hergestellt werden sollte:

1. **Schnellgängig mit Rad-/Kettenlaufwerk für Durchbruchsoperationen,**
2. **Mit Kettenlaufwerk und verstärkter Panzerung für allgemeine Gefechtsaufgaben.**

Das vom Konstruktionsbüro des Werks Nr. 183 unter Michail Koschkin entwickelte Modell A-20 (mit Rad-/Kettenantrieb) wurde im März 1938 genehmigt. Zu diesem Zeitpunkt hegten einige hochrangige Militärs im Blick auf die BT-Reihe bereits Zweifel an der Notwendigkeit eines Kampfwagens mit Rad-/Kettenantrieb. Einsätze hatten nämlich gezeigt, dass der Radantrieb relativ selten genutzt wurde. Außerdem entwickelte ein Radpanzer im Gefecht praktisch die gleiche Geschwindigkeit wie ein Kettenpanzer; d. h. er konnte seine überlegende Geschwindigkeit dort nicht, oder nur eingeschränkt, ausspielen. Weitere Argumente für die Kette lieferten neue Stahlsorten, die ihre Lebensdauer erhöhten. So fiel der Beschluss, neben dem Modell A-20 (mit Rad-/Kettenantrieb) ein weiteres Modell A-20G (T-32) mit reinem Kettenantrieb zu entwickeln. Der Verzicht auf ein Radlaufwerk vereinfachte nicht nur die Konstruktion, sondern sparte auch Gewicht ein, was zusätzlicher Panzerung zugute kam. Dazu bekam der A-20G eine leistungsstärkere 76-mm-Kanone.

Bei einer Sitzung des Obersten Militärrates im August 1938 konnte sich Michail Koschkin mit dem Vorschlag durchsetzen, außer dem Holzmodell auch einen Metall-Prototypen für den T-32

Eine Kolonne T-34/76 Modell 1940 mit 76.2-mm-Kanone L-11 auf dem Marsch.

Ein zum Flammpanzer umgerüsteter T-34/76 (OT-34) und Infanterie gehen vor. Der vordere Mann führt ein Scharfschützengewehr.

(Kette) herstellen zu lassen. Die beiden A-20- und T-32-Prototypen wurden Mitte 1939 der Staatlichen Kommission zur Prüfung vorgestellt. Diese kam zum Schluss, beide Panzer seien »die stärksten und zuverlässigsten... im Vergleich zu allen zuvor hergestellten Prototypen«. Es könne aber keinem von beiden der Vorzug gewährt werden.

Eine zweite Serie an Prototypen A-20 und T-32 im Herbst 1939 sowie die Kämpfe im Finnland-Krieg bestätigten eindeutig, dass nur die Kette die Beweglichkeit in unwegsamem Gelände gewährleisten konnte, insbesondere im Herbst und Winter. Gleichzeitig erging die Forderung, den Kampfwert des T-32 weiter zu steigern und insbesondere seinen Schutz zu verbessern. Im Endeffekt wurde der T-32 durch die Resolution des Verteidigungsausschusses Nr. 443cc vom 19. Dezember 1939 angenommen. Die Rote Armee führte ihn unter der Bezeichnung »Mittlerer Panzer T-34« ein. (Die Bezeichnung T-34/76 wurde

Michail Koschkin – »Vater« des T-34.

T-34/76 vor dem Verladen auf die Schiene.

erst nach Einführung des T-34/85 gebräuchlich, siehe unten. Aus Gründen der Unterscheidung verwenden wir die Bezeichnung schon hier).

Die Konstruktion des T-34 markierte einen Quantensprung im nationalen und internationalen Panzerbau. Zum ersten Mal vereinte ein Panzerkampfwagen starken Panzerschutz, ideale Formgebung und hohe Beweglichkeit sowie Geländegängigkeit mit einer leistungsstarken Bewaffnung. Den guten Panzerschutz stellte nicht nur die Verwendung gewalzter Panzerplatten großer Stärke, sondern auch deren Abschrägung sicher. Schräggestellte Panzerplatten erhöhen die so genannte Durchgangsstrecke von Geschossen, die aufgrund der Schrägung mehr Panzerstahl durchdringen müssen als bei nicht schräg gestellten Platten. Der Panzerschutz war hoch, was schon dadurch bewiesen werden kann,dass in den späteren Kämpfen um Stalingrad beispielsweise im Durchschnitt 4,9 Geschosse (wahrscheinlich der damals gebräuchlichen deutschen 5-cm-Kanonen) nötig waren, um einen T-34 kampfunfähig zu machen. Mit Einführung der 7,5-cm-Pak und stärkerer Kampfwagenkanonen fiel dieses Verhältnis bald auf 1,5–1,8 Geschosse, blieb aber dennoch recht hoch. (Wie immer kam es dabei auf die Gefechtssituation und -entfernung an. Für die deutsche 8,8-cm-Flak, die 8,8-cm-KwK des »Tiger« oder die 7,5-cm-Langrohrkanone des »Panther« stellte selbst die schräge Frontpanzerung des T-34 auf alle Gefechtsentfernungen kein größeres Problem dar). Der T-34 erhielt zuerst eine 76,2 mm Kanone L-11, die bald durch stärkere F-32- und F-34-Kanonen ersetzt wurde. Diese Bewaffnung entsprach dem schweren Panzerkampfwagen KW-1.

Für die hohe Beweglichkeit und Geländegängigkeit des T-34 sorgten ein leistungsstarker Dieselmotor und breite Ketten, auf denen er Geschwindigkeiten von bis zu 55 km/h erreichte. Steigungen bis 30°, bis zu 2,5 m breite Gräben und 73 cm hohe Hindernisse bewältigte er mühelos. Ohne Vorbereitung konnte er bis zu 1,3 m tiefe Gewässer durchwaten.

Die Fertigungsfreundlichkeit dieses Panzers ermöglichte es, ihn unter Einsatz ungelernter Arbeitskräfte zu bauen, was in sieben Rüstungswerken erfolgte, die nicht alle Erfahrung im Panzerbau vorweisen konnten. Von besonderer Bedeutung für die Massenproduktion war die Montage am Fließband und die Einführung des automatischen Bogenschweißverfahrens zur Verbindung der Panzerplatten.

Während des deutsch-sowjetischen Krieges stellte die UdSSR eine zunehmend größere Zahl an T-34 her, wobei deren Konstruktion in nachfolgenden Ausführungen verbessert und die Fertigungsmethoden vereinfacht wurden. Die ursprünglich schwer zu fertigenden geschweißten und gegossenen Türme wurden durch einen einfacheren gegossenen Sechskantturm ersetzt. Die Lebensdauer des Motors erhöhten verbesserte Luftfilter, die Verbesserung der Schmieranlage und die Einführung eines Allstufenreglers verlängerten die technische Lebensdauer. Der Austausch der Hauptkupplung durch ein weiterentwickeltes Modell sowie die Einführung eines Fünfganggetriebes anstelle eines Vierganggetriebes trugen zur Erhöhung der Durchschnittsgeschwindigkeit bei. Stärkere Ketten und gegossene Laufräder erhöhten die Zuverlässigkeit des Laufwerks und reduzierten gleichzeitig den Arbeitsaufwand bei der Herstellung.

Auf Grundlage des T-34 wurde der Flammpanzer TO-34 entwickelt und produziert. Der so genannte »Panzer für Generäle« mit Funkanlage RSB-F wurde nur in Kleinserie gefertigt. Diese Funkanlage hatte unter optimalen Bedingungen eine Reichweite von bis zu 35 km auf dem Marsch und bis zu 60–150 km im Stand (je nach Standort, Wetter sowie Länge der Antenne). Die meisten T-34 mussten aber – zumindest anfänglich – ohne Funk auskommen. Außerdem fehlte eine Kampfraumentlüftung, weshalb viele Panzer selbst im Gefecht mit offenen Luken fuhren, was beherzte deutsche Nahkämpfer nutzten, um Handgranaten in den Innenraum zu werfen. Der Verzicht auf eine Kampfraumheizung (die zu dieser Zeit allerdings die wenigsten Panzerkampfwagen aufwiesen, auch nicht die deutschen) stellte in den eisigen russischen Wintern ebenfalls einen schwerwiegenden Nachteil dar, den man bei einem neu konstruierten Modell leicht hätte vermeiden können.

Die deutsche Wehrmacht bezeichnete erbeutete T-34 als »Panzerkampfwagen T-34 747 (r)«. Einige Verbände stellten aus Beutewagen eigene T-34-Einheiten auf, so z. B. die 2. SS-Panzerdivision »Das Reich« im Frühjahr 1943 zwei Kompanien. Ob ihrer Kampfkraft und Standhaftigkeit zählte »Das Reich« zu den am meisten gefürchteten deutschen Verbänden bei der Roten Armee. Nach der Rückeroberung Charkows im März 1943 ließ das II. SS-Panzerkorps das dortige Panzerwerk den Betrieb wieder aufnehmen und den T-34 weiter produzieren. Deutsche T-34 erhielten einige Verbesserungen in der Ausstattung sowie grundsätzlich Funk.

PANZERKAMPFWAGEN T-34/76	
Gefechtsgewicht, t	26,0
Abmessungen:	
- Länge, mm	5920
- Breite, mm	3000
- Höhe, mm	2400
Besatzung	4 Mann
Bewaffnung	1 x 76,2 mm Kanone L-11
	2 x 7,62 mm Maschinengewehr DT
Kampfbeladung	77 Granaten 76,2 mm
	2898 Patronen 7,62 mm
Panzerung:	
- Wannenfront, mm	45
- Turmfront, mm	45
Motortyp	Dieselmotor W-2
Leistung, PS	500
Höchstgeschwindigkeit, km/h	55
Fahrbereich, km	300-400

FERTIGUNGSZAHLEN MITTLERER PANZERKAMPFWAGEN T-34/76						
Jahr	**1940**	**1941**	**1942**	**1943**	**1944**	**Insgesamt**
Gefertigte T-34/76	117	3014	12.671	15.709	3986	35.497

Mittlerer Panzerkampfwagen T-34/76. (Ausführung als Flammpanzer OT-34)

Mittlerer Panzerkampfwagen T-34/85

Die Ende 1942 bis Mitte 1943 neu eingeführten deutschen PzKpfw V »Panther« und PzKpfw VI »Tiger« sorgten für große Beunruhigung beim Volkskommissariat für Panzerbau und der Roten Armee. Sie zeigten sich sämtlichen sowjetischen Panzertypen in der Bewaffnung und – mit Ausnahme schwerer Panzer – auch in der Panzerung überlegen. Dies trat beim schweren »Tiger« schon ab Ende 1942/Anfang 1943 und beim mittleren »Panther« beim Ersteinsatz im Zuge der Panzerschlacht von Kursk im Juli 1943 offen zutage. Während einer Sitzung Ende August 1943 im Werkkomplex »Krasnoje Sormowo« (Werk Nr. 112) in Gorki erklärte Wjatscheslaw Malyschew, der Volkskommissar für Panzerbau: »Für den Sieg in der Schlacht von Kursk haben wir einen viel zu hohen Preis bezahlt. Die feindlichen Panzer feuerten aus 1500 m Entfernung auf unsere Panzer, während unsere 76-mm-Panzerkanonen ›Tiger‹ und ›Panther‹ erst aus 500-600 m mit Aussicht auf Erfolg bekämpfen konnten. Im übertragenen Sinne hat der Feind anderthalb Kilometer lange Arme, während unsere gerade mal einen halben Kilometer lang sind. Wir müssen den T-34 unverzüglich mit einer leistungsfähigeren Kanone ausstatten«. Einmal davon abgesehen, dass die Schlacht von Kursk von deutscher Seite wegen der westalliierten Landungen in Süditalien abgebrochen wurde und keinesfalls einen taktischen sowjetischen Sieg darstellte, hatte Malyschew das Problem treffend beschrieben. Die panzerbauende sowjetische Industrie setzte darauf den Vorschlag um, den T-34 mit einer stärkeren Bewaffnung auszustatten. In Frage kam vor allem

T-34/85 mit aufgesessenen Schützen auf dem Marsch. Da die Rote Armee über keine speziellen Schützenpanzerwagen verfügte, dienten Panzerkampfwagen bei Marsch und Angriff als Transportmittel. Die Infanterie konnte das Tempo der Panzer so zwar mithalten, »klebte« aber weitgehend ungeschützt an den Fahrzeugen, was entsprechende Verluste nach sich zog. Im Unterschied zu Schützenpanzerwagen, wie etwa dem deutschen mittleren SPW Sd.Kfz. 251, war der Handwaffeneinsatz von Panzerkampfwagen in Fahrt kaum möglich – die Schützen hatten im Gelände buchstäblich alle Hände voll zu tun, um sich festzuhalten. Zum Kampf sprangen sie wenige Hundert Meter vor Erreichen der feindliche Linie ab, sofern sie Granat- und MG-Feuer nicht bereits von den Panzern »gefegt« hatte.

Schematische Vierseiten-Darstellung des T-34/85.

Mittlerer Panzerkampfwagen T-34/85 und Schützen üben den Angriff.

eine 85-mm-Kanone der Modelle D-5T, LB-1, S-50 und S-53. Nach Erprobungen fiel die Wahl auf die S-53, die allerdings einen völlig neu konstruierten T-34-Turm erforderte. Das neue Modell erhielt die Bezeichnung T-34/85 und der bisherige T-34 mit 76,2-mm-Kanone lief nun unter T-34/76.

Die S-53-Kanone zeichnete sich durch ihre einfache Konstruktion, Zuverlässigkeit und Kompaktheit aus. Sie erforderte jedoch einen größeren Turm. Dieser wies zwar nicht mehr die geschossabweisende Idealform des T-34/76 auf, nahm aber drei Mann auf. Damit schlug man zwei Fliegen mit einer Klappe: Der Kommandant konnte sich auf seine eigentliche Aufgabe konzentrieren und musste nicht mehr zugleich den Richtschützen »spielen«. Das panzerbrechende 9,2 kg schwere Geschoss der S-53 konnten auf 500 bis 1000 m bei idealem Auftreffwinkel Panzerungen bis 108 mm durchschlagen. Eine spezielle Unterkalibergranate schaffte auf 500 m sogar 138 mm Panzerstahl. (Die Frontpanzerung des »Panther« betrug 80-100 mm – wobei die Durchgang strecken aufgrund der Schrägung höher lagen – und die des »Tiger« lag bei 100–120 mm). Da es nach der Erprobung notwendig wurde, Änderungen an der S-53 vorzunehmen, erhielt der T-34/85

FERTIGUNGSZAHLEN MITTLERER PANZERKAMPFWAGEN T-34/85				
Jahr	1943	1943	1945	Insgesamt
Gefertigte T-34/85	23	10.662	5005	15.690

einstweilen die Kanone D-5T. Nach den Änderungen an der S-53 erhielt diese die Bezeichnung SIS-S-53 und wurde zur Hauptbewaffnung des T-34/85. Als Zieleinrichtung diente das ZF TSch-16.

Der Turm konnte aufgrund der bestehenden Wannengröße und des zur Verfügung stehenden maximalen Turmdrehkranz-Durchmessers nicht mehr die günstigen Schrägungen des T-34/76 erhalten, zumal er ja einen dritten Mann aufnehmen musste; seine Konstruktion ließ sich nichtsdestoweniger als gelungen bezeichnen. Aus Gefechtsanalysen war bekannt, dass gerade der Panzerturm bis zu 45 % der gefährlichen Treffer abbekam. Deshalb verwendete man die Stahlsorte 71L, die eine höhere Vergütung als der beim T-34/76 verwendete MZ-2-Stahl besaß. Die Panzerung an der Turmfront betrug 75 mm, an Seiten und Heck 52 mm. Ab dem 7. August 1944 wurden die Anforderungen aufgrund gesteigerter feindlicher Waffenwirkung erhöht: die Turmfront bekam nun 90 mm und die Seiten 75 mm Panzerstärke. Zusammen mit entsprechenden Schrägungen boten diese Schutz vor der deutschen 7,5-cm-Pak 40 bis auf etwa 500 m bei Auftreffwinkeln bis zu 40°.

Durch die Platzierung eines dritten Besatzungsmitglieds im Turm konnte sich der Panzerkommandant auf die Führung des Fahrzeuges, die Beobachtung des Gefechtsfeldes und die Zielansprache bzw. -zuweisung konzentrieren. Infolgedessen nahmen die Wirksamkeit des Feuers und

Angriff eines T-34/85-Rudels mit abgesessenen Schützen.

T-34/85 Modell 1943 mit Minenräumgerät PT-3.

die Beweglichkeit im Gefecht zu. Einen wichtigen Beitrag zur Führung leistete die Ausstattung des T-34-85 mit dem Funkgerät 9RS. Eine Kommandantenkuppel auf dem Turmdach mit Sehschlitzen verbesserte die Beobachtungsmöglichkeiten und dank Nebeleinrichtungen konnte der T-34/85 notfalls einen schützenden Rauchschleier legen.

Obwohl das Gewicht des Panzers durch den größeren Turm mit stärkerer Kanone und die dickere Panzerung auf 32 t stieg, litt seine Beweglichkeit kaum darunter. Die Höchstgeschwindigkeit auf der Straße betrug 55 km/h. Der T-34/85 bewältigte Steigungen bis zu 30^0, überwand 2,5 m breite Gräben und überkletterte 73 cm hohe Hindernisse.

Ab Frühjahr 1944 wurde er bei sämtlichen Schlachten eingesetzt; die Garde-Panzerbrigaden erhielten ihn ab März 1944. Allmählich, mit Voranschreiten der T-34/85-Produktion, ersetzte er auch den T-34/76 in den Linienverbänden.

PANZERKAMPFWAGEN T-34/85	
Gefechtsgewicht, t	32,0
Abmessungen:	
- Länge, mm	6100
- Breite, mm	3000
- Höhe, mm	2720
Besatzung	5 Mann
Bewaffnung	1 x 85 mm Kanone SIS-S-53
	2 x 7,62 mm Maschinengewehr DT
Kampfbeladung	56 Granaten 85 mm
	1920 Patronen 7,62 mm
Panzerung:	
- Wannenfront, mm	90
- Turmfront, mm	90
Motortyp	Dieselmotor W-2-34M
Leistung, PS	500
Höchstgeschwindigkeit, km/h	55
Fahrbereich, km	350

Der mittlere Panzerkampfwagen T-34/85 verfügte im Unterschied zum T-34/76 über einen Drei-Mann-Turm und eine 85-mm-Kanone.

Mittlerer Panzerkampfwagen T-44

1943–1944 entwickelte das Konstruktionsbüro der Fabrik »Uralwagonsawod« unter Alexander Morosow den mittleren Panzerkampfwagen T-44. Ende 1943 lagen drei Prototypen vor:

- **Nr. 1 mit 85-mm-Kanone D-5T und Turmdrehkranz-Durchmesser 1700 mm;**
- **Nr. 2 mit 85-mm-Kanone D-5T mit Turmdrehkranz-Durchmesser 1600 mm;**
- **Nr. 3 mit 122-mm-Kanone D-25-44 mit Turmdrehkranz-Durchmesser 1700 mm.**

Prototyp Nr. 1 wurde im Januar 1944 getestet. Während Phase 1 der Erprobung, bei der es um die Fahreigenschaften ging, stellten sich Fahrwerk, Motor und Getriebe als langlebiger heraus als beim T-34, auch ließ sich der Panzer einfacher lenken (beim T-34 eine schweißtreibende Arbeit). Eine Teststrecke von 1100 km bewältigte das Fahrzeug ohne besondere Schwierigkeiten. Des

1943–1944 entwickelte Alexander Morosow in der Fabrik »Uralwagonsawod« den mittleren Panzerkampfwagen T-44.

Schematische Vierseiten-Darstellung des T-44.

Weiteren zeigte der Beschuss mit erbeuteten 7,5-cm- und 8,8-cm-Panzerabwehrkanonen, dass deren panzerbrechende Granaten erst unter 700 m die bis zu 120 mm dicke Wannen- und Turmfront durchschlagen konnten. (Hinweis des Bearbeiters: die 19,4 kg schwere Panzergranate der 8,8 cm Pak 43 durchschlug auf 1000 m bei Auftreffwinkel 90° 190 mm und auf 2000 m noch 159 mm; während die 7,3 kg schwere Hartkerngranate auf diese Entfernungen 241 mm bzw. 184 mm durchstanzte. Die 10,2-kg-Panzergranate der 8,8 cm Flak 36 schaffte 100 mm bzw. 88 mm. Die Durchschlagsleistung der 6,8 kg schweren Panzergranate der 7,5 cm Pak 40 lag auf 500 m/Auftreffwinkel 90° bei 132 mm). Die 45-mm-Seitenpanzerung des T-44 durchschlugen die deutschen Waffen auf 600–900 m jedoch mühelos, weshalb die Abnahmekommission eine Erhöhung auf 90 mm forderte. Im Februar 1944 kamen die Prototypen Nr. 2 und Nr. 3 mit leistungsstärkeren 520-PS-Motoren an die Reihe. Die bei Nr. 3 verwendete 122-mm-Kanone verursachte Schwierigkeiten wegen der langen Rohrrücklaufstrecke

Der T-44 verzichtete auf das Christie-Laufwerk des T-34 und übernahm nach Vorbild deutscher Kampfwagen ein drehstabgefedertes Laufwerk, das auch den einfacheren Einbau eines kompakten Dieselmotors erlaubte.

PANZERKAMPFWAGEN T-44	
Gefechtsgewicht, t	31,0-31,5
Abmessungen:	
- Länge, mm	6070
- Breite, mm	3100
- Höhe, mm	2400
Besatzung	4 Mann
Bewaffnung	1 x 85 mm Kanone SIS-S-53
	2 x 7,62 mm Maschinengewehr DTM
Kampfbeladung	58 Granaten 85 mm
	2750 Patronen 7,62 mm
Panzerung:	
- Wannenfront, mm	120
- Turmfront, mm	90
Motortyp	Dieselmotor W-44
Leistung, PS	500
Höchstgeschwindigkeit, km/h	45
Fahrbereich, km	235

Eine T-44-Kompanie übt den Angriff.

(1 m); zudem war die geteilte Munition unhandlich und zeitaufwändig zu laden. Diese Kanone wurde daher durch das 85-mm-Modell ersetzt. Weitere Beanstandungen gab es nicht. Ein »Referenzmodell« T-44A wurde bis August fertig gestellt. Die Erprobung verlief so erfolgreich, dass die Serienproduktion bereits vor der offiziellen Übernahme des Panzers anlaufen konnte. Das Staatliche Verteidigungskomitee unterzeichnete den entsprechenden Beschluss am 18. Juli 1944; er verpflichtete das Werk zur Fertigung von 300 Fahrzeugen monatlich. Offiziell führte die Rote

Armee den T-44 am 23. November 1944 ein.

Der T-44 enthielt viele neue Elemente. Er verzichtete auf das relativ schwere Christie-Laufwerk, übernahm aber nach dem Vorbild deutscher Kampfwagen eine Drehstabfederung, die auch eine einfachere Unterbringung eines kompakten Dieselmotors erlaubte. Die Verkleinerung der Antriebseinheiten ermöglichte eine um 300 mm tiefere Wanne als beim T-34 und eine Erhöhung des Panzerschutzes an der Wannenfront auf 120 mm, ohne das vordere Laufradpaar zu überlasten. Der Fahrer erhielt eine Luke im Wannendach. Das Bug-MG entfiel.

Das Fünfganggetriebe bestand aus der so genannten »Gitarre«, die sich aus einem Differential mit drei Stirnrädern, einer Mehrscheiben-Hauptreibkupplung, einer Seitenkupplung und einem Seitenantrieb zusammensetzte. Das Laufwerk bestand aus fünf Laufrollen mit Gummibandagen je Seite, dem Antriebsrad hinten und dem Leitrad vorn. Die Zuverlässigkeit des Fahrwerks wurde durch die Torsionsfederung der Laufräder erhöht.

Auf der Straße erreichte der T-44 eine Höchstgeschwindigkeit von 45–50 km/h. Er bewältigte Steigungen bis 30°, überwand bis zu 2,5 m breite Gräben und überklettere 73 cm hohe Hindernisse.

Wegen seines beeindruckenden Kampfwerts sollten zuerst die Garde-Panzerbrigaden den T-44 erhalten. Da es an Kommandanten und Offizieren mangelte, wurden eigens vier Garde-Panzerschulen gegründet. Die Herstellung erfolgte im Panzerwerk Nr. 75, Nachfolger des nach Nischni Tagil evakuierten Werks Nr. 183. Vom T-44 entstanden bis Kriegsende allerdings nur 205 Stück, da seine Rolle inzwischen die schweren »Josef Stalin«-Panzer übernommen hatten.

Mittlere Panzerkampfwagen T-44 eines Gardeverbandes mit 85-mm-Kanone D-5T.

SCHWERE PANZERKAMPFWAGEN

Der »Plan zur Panzerausstattung der roten Arbeiter- und Bauernarmee« sah im zweiten Fünfjahresplan (1933-1937) die Entwicklung eines leistungsstarken Panzers für spezielle Zwecke vor. Das schwere, stark gepanzerte und bewaffnete Fahrzeug sollte zur Unterstützung mittlerer Panzerverbände vorwiegend als Durchbruchswaffe an besonders stark verteidigten Frontabschnitten zum Einsatz kommen. Der erste Panzer dieser Gattung war der T-35. Mit einem Gefechtsgewicht von an die 50 t überschritt er den festgelegten unteren Massegrenzwert von 30 t deutlich. Die Bewaffnung aus einer 76,2-mm-Kanone, zwei 45-mm- Kanonen und fünf 7,62-mm-Maschinengewehren fand in fünf Drehtürmen Platz. Die Panzerung betrug allerdings nur 20–30 mm, was nicht so bleiben konnte. Zugunsten eines erhöhten Panzerschutzes von zunächst 75 mm und später 100–120 mm sowie nur eines Drehturms verzichtete man auf die fünf Türme. Im größeren Einzelturm ließ sich nun eine 85-mm- oder 122-mm-Kanone unterbringen.

In den Vorkriegsjahren waren schwere Panzer dem Arsenal des Generalkommandos vorbehalten. Im Krieg gehörten sie zur Ausstattung von schweren Panzerabteilungen, -regimentern und -brigaden, später zog man sie in den für Durchbruchsunternehmen bestimmten Garde-Panzerregimentern des Generalkommandos zusammen.

Schwerer Panzerkampfwagen T-35

Das 1931 gegründete Leningrader Panzerkonstruktionsbüro unter Nikolai Barykow erhielt von der Verwaltung für Motorisierung und Mechanisierung der Roten Armee den Auftrag, bis zum 1. August 1932 einen neuen 35-t-Durchbruchspanzer zu entwickeln und zu bauen. Barykows Entwurf folgte dem Konzept mehrtürmiger Panzer, wie ihn verschiedene Streitkräfte

Schwerer Panzerkampfwagen T-35 in Schrägansicht (Werksaufnahme). Das knapp 10 m lange und 50 t schwere Fahrzeug verfügte über eine maximale Panzerung von 30 mm. Der Betrieb und die fünf Waffentürme erforderten eine Besatzung von elf Mann. Man beachte die Rahmenantenne. Insgesamt wurden von 1932 bis 1939 nur 61 Fahrzeuge gebaut.

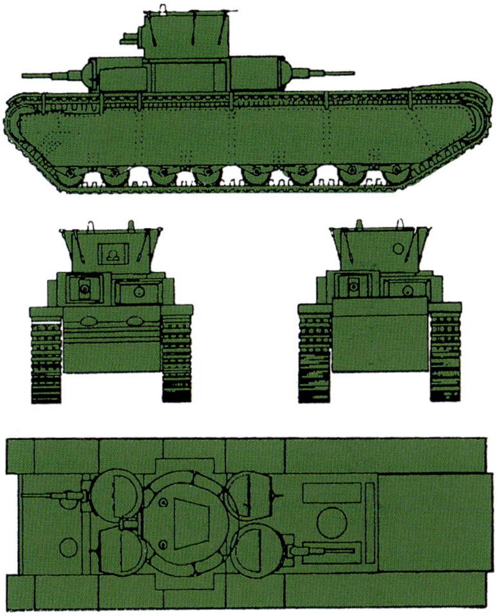

Schematische Vierseiten-Darstellung des T-35

Dieser T-35 fuhr sich in einem Graben fest und wurde von seiner Besatzung aufgegeben.

Vorkriegsaufnahme von T-35 bei einer Parade auf dem Roten Platz in Moskau.

PANZERKAMPFWAGEN T-35	
Gefechtsgewicht, t	50,0
Abmessungen:	
- Länge, mm	9720
- Breite, mm	3200
- Höhe, mm	5430
Besatzung	11 Mann
Bewaffnung	1 x 7,62 mm Kanone PS-3
	2 x 45 mm Kanone 1932
	5 x 7,62 mm Maschinengewehr DT
Kampfbeladung	96 Granaten 76,2 mm
	220 Granaten 45 mm
	10.080 Patronen 7,62 mm
Panzerung:	
- Wannenfront, mm	30
- Turmfront, mm	20
Motortyp	Ottomotor M-17T
Leistung, PS	500
Höchstgeschwindigkeit, km/h	30
Fahrbereich, km	150-200

verwendeten, und wie sie der in der UdSSR arbeitende deutsche Ingenieur Eduard Grote konzipiert hatte. Wahrscheinlich orientierten sich die sowjetischen Konstrukteure auch stark am 1929 von der britischen Firma Vickers gebauten fünftürmigem Panzerkampfwagen A1E1 »Independent«. Außerdem fanden Komponenten des T-28 Verwendung. Jedenfalls gaben die Leningrader dem Projekt die Sporen und präsentierten am 20. August 1932 das erste Musterfahrzeug, das allerdings an die 50 t auf die Waage brachte. Die Prototypen T-35-1 und T-35-2 gingen 1933 in den Versuch. Auf Grundlage der Ergebnisse wurde der T-35 am 11. August 1933 von der Roten Armee übernommen. Zeichnungen einer für die Massenproduktion bestimmten Variante T-35A wurden dem Lokomotivwerk Charkow übergeben, das 1934 die ersten zehn Fahrzeuge fertigte. Der Aufbau des T-35 folgte dem klassischen Muster: Fahrer im Wannenbug, Kampfraum in der Mitte, Motor und Getriebe im Heck. Die Bewaffnung wurde in zwei Ebenen in fünf Türmen platziert. Eine 76,2-mm-Kanone und ein 7,62-mm-MG DT kamen in den erhöhten zentralen Drehturm. Zwei 45-mm-Panzerkanonen 1932 saßen in diagonal versetzten Nebentürmen und feuerten nach rechts-vorne und links-hinten. Zwei MG-Türme waren neben den 45-mm-Türmen angeordnet. Den zentralen Drehturm trennte eine Schottwand vom Rest des Kampfraumes. Den vorderen und hinteren Nebenturm verband ein Gang, und der Fahrer gelangte über eine Seitenluke in der Trennwand in den Kampfraum.

Den Antrieb übernahm ein 12-Zylinder-Ottomotor M-17T. Der flüssigkeitsgekühlte V-Motor erbrachte eine Leistung von 500 PS, die für einen 50-t-Panzer aber nicht ausreichte. Dies zeigte sich besonders deutlich bei den zuletzt hergestellten Fahrzeugen, deren vordere Wannenpanzerung auf 30 mm erhöht worden war und die 55 t wogen. Die Motorleistung reichte in schwierigem Gelände nicht einmal für eine Drehung um die eigene Achse aus.

Der Panzer T-35 hatte ein recht kompliziertes Vierganggetriebe mit einer Mehrscheiben-Hauptreibkupplung, einer Seitenrutschkupplung und Seitenantrieb.

Das Fahrwerk umfasste acht gummierte Laufräder an jeder Seite, verbunden zu vier gefederten Paaren, sechs gummierte Stützrollen, ein Leitrad mit Kettenspanner und ein Antriebsrad am Heck. Die mit Spiralfedern gefederten Laufräder schützten tiefe Panzerschürzen.

Dank seiner erheblichen Länge konnte der Panzer Gräben von bis zu 3,5 m Breite, Steigungen von bis zu 20° und bis zu 1,2 m hohe Hindernisse

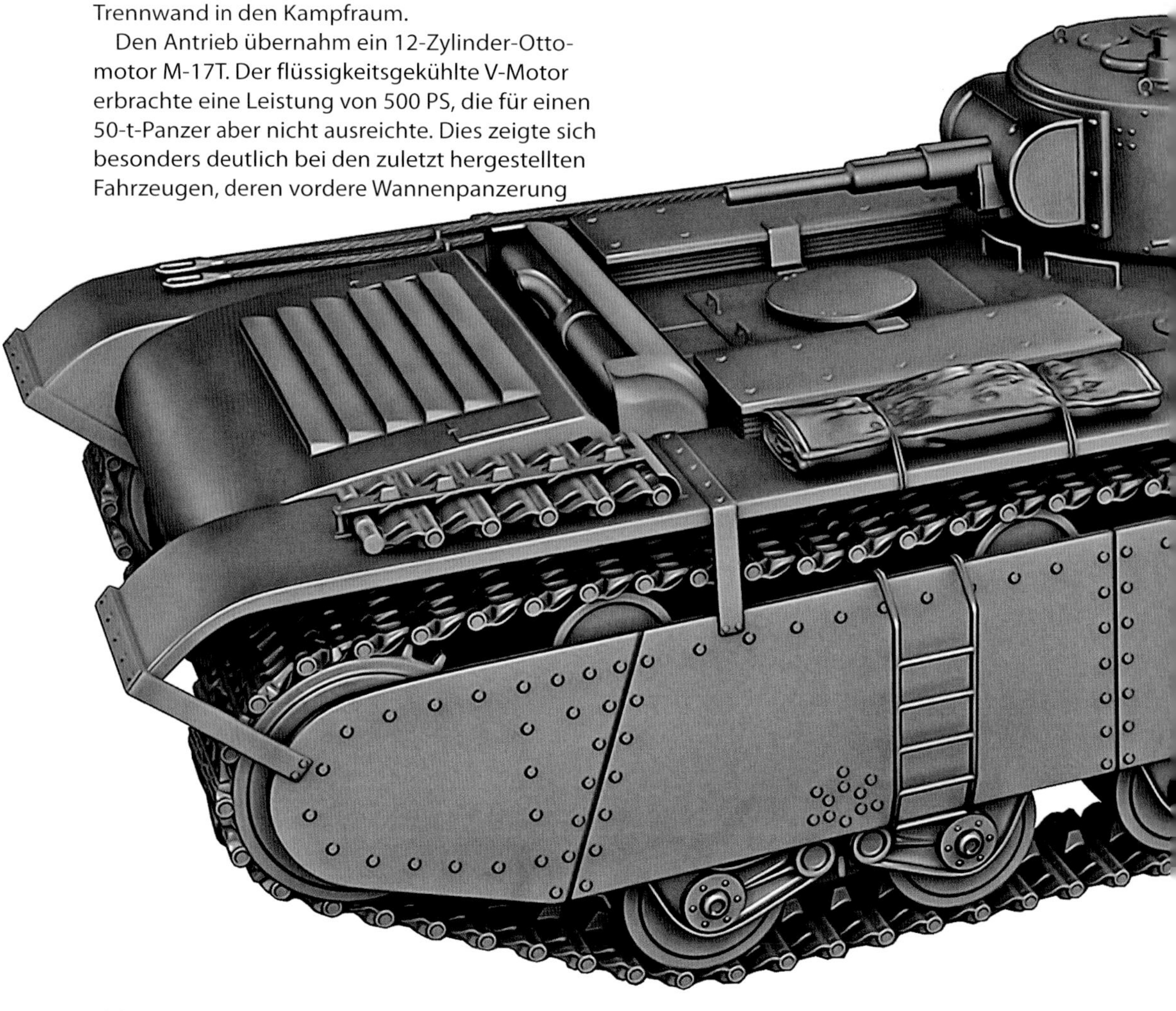

überwinden und Gewässer bis 1 m Tiefe durchfurten. Die Straßen-Höchstgeschwindigkeit betrug 30 km/h.

Alle T-35 erhielten Funkgeräte 71-TK-1 mit Rahmenantennen. Die zuletzt hergestellten Fahrzeuge mit konischen Türmen und neuen Seitenschürzen wogen 55 Tonnen. Ihre Besatzung schrumpfte von 11 auf 9 Mann. Die Serienfertigung des T-35 lief von Oktober 1933 bis Juni 1939.

Der T-35 gehörte zur Ausstattung schwerer Panzerbrigaden der Reserve des Oberkommandos. Ihre Aufgabe bestand im Durchbrechen starker Verteidigungslinien. Nach Auflösung der Panzerbrigaden kamen sie zu einigen der neu errichteten Panzerdivisionen. Allein 48 zählten zum Bestand der 34. Panzerdivision im Sondermilitärbezirk Kiew. In den ersten Wochen des Krieges mit Deutschland und seinen Verbündeten gingen alle verloren. Die deutsche Beutebezeichnung lautete »Panzerkampfwagen T-35A 751 (r)«.

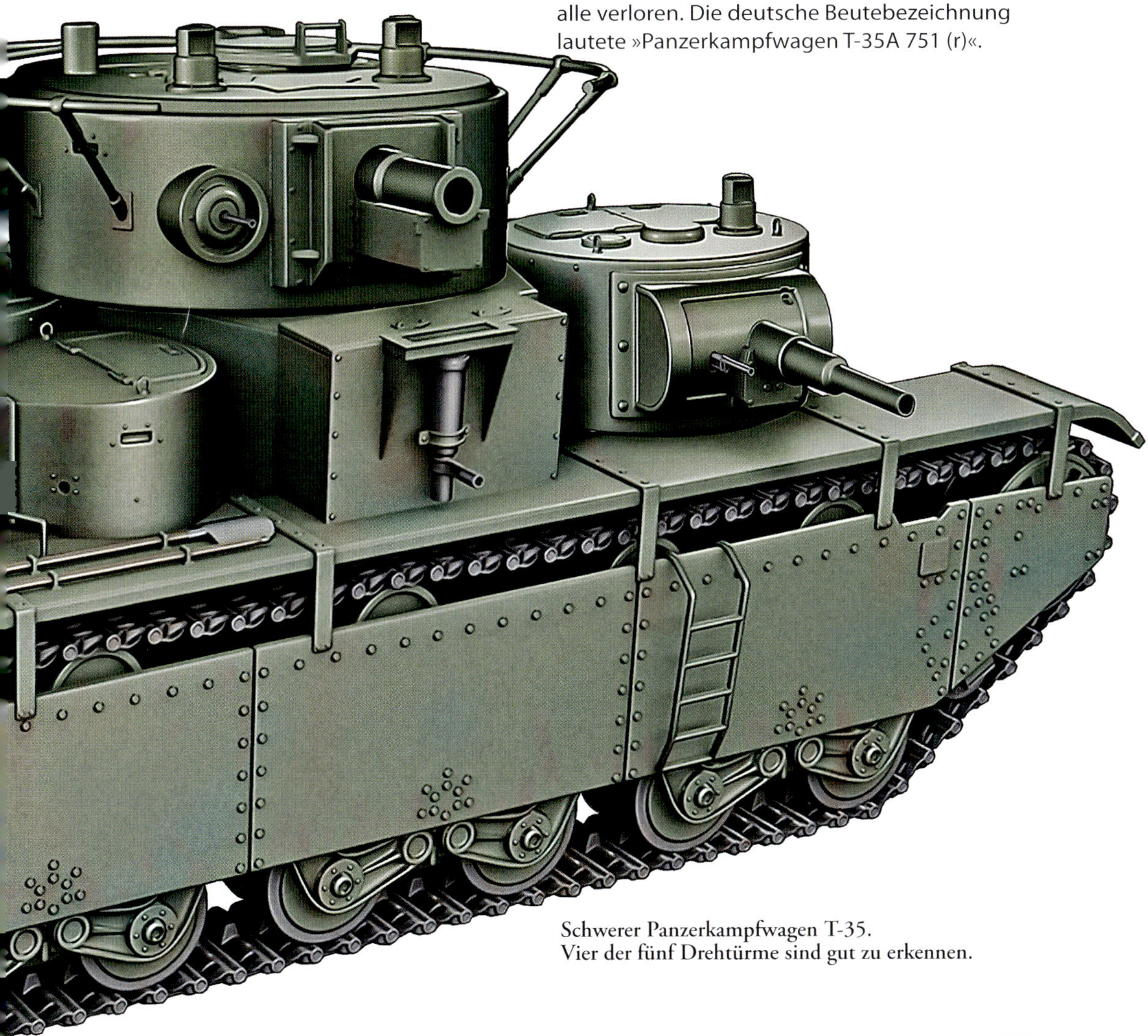

Schwerer Panzerkampfwagen T-35.
Vier der fünf Drehtürme sind gut zu erkennen.

FERTIGUNGSZAHLEN MITTLERER PANZERKAMPFWAGEN T-35									
Jahr	1932	1933	1934	1935	1936	1937	1938	1938	Insgesamt
Gefertigte T-35	1	1	10	7	15	10	11	6	61

Schwerer Panzerkampfwagen KW-1

In der zweiten Hälfte der 1930er-Jahre führten verschiedene panzerbauende Firmen Untersuchungen zur Verstärkung des Schutzes schwerer Panzer durch Seitenschürzen und Zusatzpanzerungen durch. Das Ergebnis war ein höheres Gefechtsgewicht und der Verlust an Beweglichkeit und Geschwindigkeit, der in keinem Verhältnis zum gewonnenen Panzerschutz standen. Der Hauptmilitärrat beschloss daher im April 1938, einen neuen schweren Panzer entwickeln zu lassen. Die taktisch-technischen Anforderungen lauteten:

a. **Kettenantrieb;**
b. **Panzerung 60 mm, die auf jede Kampfentfernung Pakbeschuss bis Kaliber 47 mm widersteht;**
c. **Ottomotor M-34, mit möglichem Wechsel auf einen Dieselmotor;**
d. **Bewaffnung: 1 x 76-mm-Kanone mit einer Mündungsgeschwindigkeit von mindestens 560 m/sec pro Sekunde; 2 x 45-mm-Kanonen mit Koaxial-MG, 1 x Fla-MG;**
e. **Geschwindigkeit 25–35 km/h;**
f. **Fahrbereich 200–250 km;**
g. **Gesamtgewicht nicht über 55 t; Abmessungen innerhalb des Lichtprofils zum Schienentransport.**

Josef Kotin, Chefkonstrukteur des Kirowski-Werkes.

Drei Kanonen, wie im Anforderungskatalog vorgesehen, bedeuteten auch drei Türme, was zwangsläufig zu einer Gewichtszunahme des Fahrzeugs bei offensichtlich unzureichendem Panzerschutz führen musste.

Zwei Leningrader Konstruktionsbüros erhielten Entwicklungsaufträge: das Planungsbüro des Kirowski Werks (Chefkonstrukteur Josef Kotin) und das Kirow-Werk für Maschinenbau (Chefkonstrukteur Nikolai Barykow). Im Oktober 1938 stellten sie der Prüfungskommission ihre Entwurfspläne vor: zum einen den schweren Durchbruchspanzer SMK (Abkürzung von Sergej Mironowitsch Kirow, ein hoher Parteifunktionär und Gefolgsmann Stalins, der 1934 einem Attentat zum Opfer gefallen war); zum anderen das "Projekt 100" (später als T-100 bezeichnet). Die Kommission prüfte und kam zum Ergebnis, beide Entwürfe würden die taktischen und technischen Anforderungen erfüllen. Am 9. Dezember 1938 wurden sie auf einer Sitzung des Verteidigungsausschusses im Politbüro des Zentralkomitees der Kommunistischen Partei vorgestellt. Während der Diskussion näherte sich Stalin dem SMK-Holzmodell und fragte: »Genosse Kotin, warum braucht ihr Panzer drei Türme?«

Kotin: »Wegen der starken Bewaffnung: eine 76-mm-Kanone und zwei 45-mm-Kanonen«. Stalin: »Machen Sie kein ›Mur & Merylise‹ [Name eines Luxuskaufhauses im vorrevolutionären Mos-

Schematische Vierseiten-Darstellung des KW-1.

Dem schweren Panzerkampfwagen KW-1 mit bis zu 75 mm Panzerung konnten die meisten deutschen Panzer- und Panzerabwehrkanonen bis 1942 wenig anhaben. In der 8,8-cm-Flak fand er allerdings seinen Meister.

FERTIGUNGSZAHLEN MITTLERER PANZERKAMPFWAGEN KW-1				
Jahr	1940	1941	1942	Insgesamt
Gefertigte T-35	139	1225	1800	3154

PANZERKAMPFWAGEN KW-1	
Gefechtsgewicht, t	47,0-47,5
Abmessungen:	
- Länge, mm	6750
- Breite, mm	3320
- Höhe, mm	2710
Besatzung	5 Mann
Bewaffnung	1 x 76,2 mm Kanone A-11
	3 x 7,62 mm Maschinengewehr DT
Kampfbeladung	111 Granaten 76,2 mm
	3024 Patronen 7,62 mm
Panzerung:	
- Wannenfront, mm	75
- Turmfront, mm	75
Motortyp	Dieselmotor W-2K
Leistung, PS	600
Höchstgeschwindigkeit, km/h	35
Fahrbereich, km	250

kau] aus einem Panzer!« Stalin benutzte diesen Ausdruck oft, wenn es um Dinge ging, die ihm zu kompliziert und zu universell erschienen. Dann nahm er den hinteren Kleinturm mit 45-mm-Kanone ab und fragte Kotin weiter: »Wieviel habe ich jetzt abgenommen?« »Drei Tonnen«, antwortete Kotin. »Nutzen Sie das Gewicht für die Verstärkung der Panzerung« erklärte Stalin und fuhr fort: »Sie müssen sich um stärkere Panzerung und besseren Schutz für die Besatzung bemühen. Ein Panzer braucht nicht mehrere Türme. Am besten wäre es, wenn es bei einen bliebe!«

Damit waren die Konstrukteure auf neue Lösungen umgelenkt: Statt eines Dreitürmers konstruierten sie:

a. ein zweitürmiges und

b. ein eintürmiges Modell mit erhöhtem Panzerschutz.

Das Konstruktionsbüro des Kirowski-Werks machte sich sofort an die Umsetzung des Eintürmers, der nach Sowjetmarschall und Verteidigungskommissar Kliment Woroschilow die Bezeichnung »Klim Woroschilow« (KW) erhielt.

Deutsche Soldaten untersuchen einen außer Gefecht gesetzten KW-1.

Entwicklung und Bau der Prototypen erfolgten in sehr kurzer Zeit, und schon im September 1939 begann die Erprobung auf einem Versuchsgelände bei Moskau.

Als die Rote Armee am 30. November 1939 in Finnland einmarschierte, beschloss ihr Oberkommando, den neuen schweren Panzer dort kriegsmäßig zu erproben. Mit den drei Prototypen SMK, T-100 und KW wurde eine besondere Einheit aufgestellt und der an der finnischen Mannerheim-Linie kämpfenden 20. schweren Panzerbrigade zugewiesen. Das KW-Modell bewährte sich am

Der schwere Durchbruchspanzer SMK gehörte zu den Vorläufern des KW-1 und wurde als Prototyp im Sowjetisch-finnischen Winterkrieg 1939/40 erprobt – wo er prompt finnischen Truppen in die Hände fiel.

Der T-100 bildete die zweite Entwicklungslinie zum KW-1 und wurde als Prototyp ebenfalls im Finnlandkrieg erprobt.

besten und wurde am 19. Dezember 1939 durch Beschluss Nr. 443-ss des Verteidigungsausschusses als »Schwerer Panzer KW« von der Roten Armee angenommen. (Nach Einführung des mit einer 152-mm-Haubitze bewaffneten KW-2 erhielt der bisherige KW die erweiterte Bezeichnung KW-1, die wir zur Unterscheidung schon hier verwenden).

Der schwere KW-1 war als eintürmiger Panzerkampfwagen mit klassischem Aufbau konzipiert. Im Vorderteil der geschweißten Wanne saß der Fahrer, im mittleren Teil befand sich der Kampfraum; Motor und Getriebe fanden im Heck Platz. Als Motor kam ein 12-Zylinder-Diesel W-2K mit 500 PS zum Einbau und als Getriebe ein Achtganggetriebe mit Mehrscheibenkupplung. Aufgrund von Lieferengpässen erhielten einige Fahrzeuge Ottomotoren M-17. Die Konstruktion der Mehrscheibenkupplung war technisch nicht ausgereift, was zum Ausfall vieler KW-1 in den ersten Monaten des deutsch-sowjetischen Krieges führte – die Besatzungen ließen die Fahrzeuge stehen, machten sich aus dem Staub oder gerieten in Gefangenschaft. Immerhin konnte der KW-1 dank seines leistungsstarken Motors Steigungen bis 36°, 2,5 m breite Gräben und 1 m hohe Mauern überwinden. Die breiten Ketten verursachten einen Bodendruck von lediglich 0,77 kg/cm², wodurch der KW auch in morastigem Gelände gut zurecht kam.

Für den KW-1 gab es zwei Turmtypen: Schweißturm aus 75 mm dicken Blechen oder Gussturm mit 95 mm dicken Wandungen. Im Laufe der Produktion wurden der Panzerschutz der Wanne mit einer 25-mm-Zusatzpanzerung verstärkt und die Wandstärke des Gussturms auf 105 mm erhöht. Daher ist es nicht verwunderlich, dass der KW-1 unbeschadet als Sieger aus vielen Gefechten hervorging, obwohl er oft Dutzende Einschüsse davontrug, die alle nicht durchschlugen. Die Hauptbewaffnung bestand zuerst aus einer 76,2-mm-Kanone L-11, später aus einer F-32 gleichen Kalibers, und ab 1941 erhielt er die 76,2-mm-Kanone SIS-5. Hinzu kamen drei 7,62-mm-Maschinengewehre: Eines links im Wannenbug (Richtbereich 30°), ein Koaxial-MG neben der Kanone und eines in einer Kugelblende im Turmheck. Einige Panzer erhielten an der Kommandantenluke einen Drehkranz zur Aufnahme eines Fla-MG. Die MG-Kampfbeladung betrug 3024 Schuss. Der KW-1 wurde von 1940 bis 1942 in Serie produziert. Insgesamt entstanden 3154 Stück (nach anderen Angaben 3162).

Im Sommer 1941 standen 508 KW-1 in den fünf westlichen Militärbezirken. Im Zuge der Reorganisation der sowjetischen Panzertruppe nach den großen Verlusten zu Beginn des Unternehmens „Barbarossa" wurden die KW-1 in den Panzerbrigaden sowie schweren Panzerregimentern der Durchbruchsverbände zusammengefasst und fast bis Kriegsende eingesetzt. Auf Grundlage des KW-1 entstanden die Panzermodelle KW-2, KW-3, KW-8, KW-9 sowie schwere Sturmgeschütze. Erbeutete KW-1 erhielten die deutsche Bezeichnung »Panzerkampfwagen KW-1A 753 (r)«.

KW-1-Fertigung im Kirowski-Werk in Tscheljabinsk.

Schwerer Panzerkampfwagen KW-1.

061

Schwerer Panzerkampfwagen KW-2

Im Januar 1938 schlug der Generalinspekteur der sowjetischen Panzertruppen Dmitri Pawlow vor, einen Teil der mittleren und schweren Panzer mit 107-mm-Kanonen bzw. 122-mm- oder 152-mm-Haubitzen auszustatten. Die schweren Geschütze sollten zur Unterstützung der Infanterie im Angriff Feldbefestigungen, Bunker, MG-Nester usw. niederkämpfen. Im September 1939 machte sich einer Entwicklergruppe unter Nikolai Kurin an den Einbau einer 122-mm-Haubitze. Der sowjetisch-finnische Winterkrieg von 1939/40 brachte allerdings die Erkenntnis, dass sich eine 152-mm-Haubitze für die genannten Zwecke besser eignete, zumal für dieses Geschütz betonbrechende Granaten zur Verfügung standen. Da der Standardturm des KW-1 die 152-mm-Haubitze M-10 (Modell 1938) nicht aufnehmen konnte, entwickelte die Gruppe um Nikolai Kurin einen vergrößerten Turm, der die Bezeichnung »MT-1« bekam. Bis zum Ende der Kämpfe im März 1940 wurden vier KW-Panzer mit MT-1-Turm an die finnische Front geschickt. Sie kamen nicht zum Kampfeinsatz, erprobten die schwere Waffe jedoch an verlassenen finnischen Bunkern und Feldbefestigungen. Die Wirkung der 152-mm-Granaten war mehr als befriedigend.

Folglich wurde der Panzertyp als KW-2 im Februar 1940 von der Roten Armee übernommen.

Der schwere Panzerkampfwagen KW-2 war mit seiner mächtigen 152-mm-Haubitze M-10 hauptsächlich zum Bekämpfen von Feldbefestigungen und Bunkern bei der Infanterie-Unterstützung vorgesehen. Auf dem Wannendach dieses von deutschen Truppen erbeuteten KW-2 eine 40-kg-Granate und davor zwei Kartuschen. Die Bedienung bestand aus sechs Mann.

Schematische Vierseiten-Darstellung des KW-2.

Die Serienproduktion erfolgte im Leningrader Kirowski-Werk.

Die Wanne wurde aus gewalzten Panzerplatten von 75, 55, 40 und 20 mm Stärke zusammengeschweißt, wobei Platten mit geringerer Stärke als 75 mm nur für Wannen- und Turmdach verwendet wurden. Vom Turm gab es zwei Serienvarianten: den ursprünglichen MT-1 und den späteren eckigeren und leichteren Typ. Äußerlich lassen sie sich leicht unterscheiden: Der MT-1 weist im Unterschied zum anderen Turmtyp seitliche Schrägungen auf. Beide wurden aus gewalzten, 75 mm starken Panzerplatten zusammengeschweißt. Typ 2 erhielt zudem ein Heck-MG in Kugelblende. Der Turm ließ sich sowohl mechanisch als auch elektrisch schwenken. Die 152-mm-Haubitze verschoss als Artilleriegeschütz getrennte Munition in Form von Granaten und Kartuschen. Die Kampfbeladung umfasste 36 Kartuschen und Granaten mit beton- und panzerbrechender Wirkung. Ein Ge-

FERTIGUNGSZAHLEN SCHWERER PANZERKAMPFWAGEN KW-2			
Jahr	1940	1941	Insgesamt
Gefertigte KW-2	104	100	204

Deutsche Panzersoldaten bei der Vorführung eines erbeuteten KW-2.

PANZERKAMPFWAGEN KW-2	
Gefechtsgewicht, t	52,0
Abmessungen:	
- Länge, mm	6750
- Breite, mm	3320
- Höhe, mm	3240
Besatzung	6 Mann
Bewaffnung	1 x 152 mm Haubitze M-10
	4 x 7,62 mm Maschinengewehr DT
Kampfbeladung	36 Granaten/Kartuschen 152 mm
	3087 Patronen 7,62 mm
Panzerung:	
- Wannenfront, mm	75
- Turmfront, mm	75
Motortyp	Dieselmotor W-K
Leistung, PS	600
Höchstgeschwindigkeit, km/h	34
Fahrbereich, km	250

schoss wog 40 kg. Aufgrund des Granatgewichts und der getrennten Ladeweise blieb die Schussfolge gering. Außerdem konnte der Panzer nur aus dem Schießhalt feuern und das auch nur auf einigermaßen ebenem Grund – in Schräglage ließ sich der schwere Turm nicht mehr schwenken. Als Zieleinrichtung diente das Panzerzielfernrohr T-5 und ein Panoramavisier. Alle KW-2 erhielten das Funkgerät 71-K-Z und einige ein zusätzliches Fla-MG. Der klobige Turm mit der schweren Haubitze führte zu einem Rückgang des spezifischen Leistungsgewichts von 12,6 PS/t (KW-1) auf 11,5 PS/t (KW-2) und zur Verringerung von Geschwindigkeit und Geländegängigkeit.

Die Produktion des KW-2 wurde mit Beginn des deutsch-sowjetischen Krieges nach lediglich 204 gefertigten Exemplaren eingestellt. Der KW-2 gehörte zur Ausstattung eigenständiger Panzerabteilungen (zu 15 Fahrzeugen) einiger Panzerdivisionen. Im Zuge der Kämpfe im Sommer und Herbst 1941 gingen sämtliche KW-2 verloren. Die deutsche Wehrmacht bezeichnete erbeutete KW-2 als »Panzerkampfwagen KW-II 754 (r)«.

Schwerer Panzerkampfwagen KW-2.

Schwerer Panzerkampfwagen KW-1S

Mangelnde Zuverlässigkeit des Fahrwerks des KW-1 und seine große Masse, der viele sowjetische Brücken nicht gewachsen waren, gaben Anlass für zahlreiche Beschwerden seitens der Truppe. Daraufhin verabschiedete der Staatliche Verteidigungsausschuss am 5. Juni 1942 die Resolution Nr. 1878-ss, die wie folgt lautete: »Die Gefechtserfahrungen mit dem KW-1 weisen auf folgende Mängel des Panzers ›Klim Woroschilow‹ hin:

- **Die große Masse des Panzers (47,5 t) reduziert seine Beweglichkeit und erschwert seinen Einsatz;**
- **Unzureichende Zuverlässigkeit des Getriebes aufgrund geringer Festigkeit des Zahnritzels des ersten Ganges sowie des Kurbelgehäuses;**
- **Die Motorkühlung ist nicht leistungsfähig genug. Dadurch wird es oft notwendig, auf niedrigere Gänge zurückzuschalten, was die Durchschnittsgeschwindigkeit des Panzers verringert und die Nutzung der maximalen Motorleistung in hohem Maße einschränkt;**
- **Die Rundumsicht ist aufgrund einer fehlenden Kommandantenkuppel sowie wegen ungünstiger Anordnung der optischen Geräte unzureichend.«**

Zusätzlich zu den Beschwerden aus den Reihen der Truppe wurden auch viele Mängel an Baugruppen und in der Herstellung beanstandet. Dies betraf insbesondere den Dieselmotor, dessen Produktion von mangelnder Qualität und Kontrolle zeugte. Dies galt im Übrigen für die gesamten Montageschritte.

Mit derselben Resolution wurde das Kirowski-Werk in Tscheljabinsk angewiesen, ab dem 1. August 1942 Panzer der KW-Reihe mit einem Gewicht von höchstens 42,5 Tonnen herzustellen.

Nahezu fertige KW-1S warten im Tscheljabinsker Kirowski-Werk auf die Abnahme.

Zur Verringerung der Masse erlaubte Erlass Nr. 200 des Volkskommissariats für Panzerbau eine Verringerung der Plattenstärke:

- **Die Stärke der Panzerplatten vorn, unten und an den Seiten sowie der Platten des geschweißten Turms ist von 75 auf 60 mm zu verringern;**
- **Vorschlag: Die gepanzerte innere Schottwand am Fahrerplatz ist zu entfernen … die Frist für den Abschluss dieser Arbeiten ist der 15. Juni 1942;**
- **Die Stärke der Bodenplatten ist auf 30 mm zu reduzieren;**
- **Die Stärke der Geschützblende ist auf 80– 85 mm zu reduzieren. Zu verringern sind auch die Abmessungen der Kanone unter Beibehaltung des Richtbereichs;**
- **Die Breite der Kettenglieder ist auf 650 mm zu reduzieren (die Frist für den Abschluss dieser Arbeiten ist der 1. Juli 1942).**

Im Zuge der Modernisierungsmaßnahmen wurde die Panzerwanne insgesamt leichter und flacher, das Gewicht von Antriebsaggregaten und Fahrgestell wurde abgespeckt t (u. a. durch schmalere Ketten) und die Gussblende verkleinert. Aufgrund akuten Aluminiummangels wurde anstelle eines Aluminiumkühlers einer aus Eisen verwendet.

Die Umbaumaßnahmen verringerten das Gesamtgewicht um ca. 5 t und erhöhten die Höchstgeschwindigkeit auf 43 km/h. Auch die Manövrierfähigkeit des Panzers verbesserte sich leicht.

Als Hauptbewaffnung erhielt der KW-1S eine 76,2-mm-Kanone SIS-5 mit einer Kampfbeladung von 114 Granaten (bei den ersten Panzern KW-1S betrug sie noch 90 Geschosse). Hinzu kamen vier 7,62-mm-Maschinengewehre DT mit einem Munitionsvorrat von 3000 Patronen. Alles in allem stellte der KW-1S so einen »schweren T-34« dar.

Die Rote Armee nahm das Modell am 20. August 1942 an, das sofort in Serienfertigung ging. Diese lief bis September 1943; dann ersetzte der KW-85 den KW-1S.

Der KW-1S spielte eine wichtige Rolle bei Stalingrad und anderen Schlachten der Jahre 1942/43. Außerdem wurden auf seiner Grundlage der Flammpanzer KW-8S, der KW-85 und das schwere Sturmgeschütz SU-152 entwickelt.

Der schwere Panzerkampfwagen KW-1S stellte eine »erleichterte« und flachere Ausführung des KW-1 mit einem Gefechtsgewicht von 42,5 t, 76,2-mm-Kanone SIS-5, schmaleren Ketten und geringerer Panzerstärke dar. Hier ein Fahrzeug bei einem Marschhalt.

PANZERKAMPFWAGEN KW-15	
Gefechtsgewicht, t	42,5
Abmessungen:	
- Länge, mm	6950
- Breite, mm	3250
- Höhe, mm	2640
Besatzung	5 Mann
Bewaffnung	1 x 76,2 mm Kanone SIS-5
	4 x 7,62 mm Maschinengewehr DT
Kampfbeladung	114 Granaten 76,2 mm
	3000 Patronen 7,62 mm
Panzerung:	
- Wannenfront, mm	75
- Turmfront, mm	82
Motortyp	Dieselmotor W-2K
Leistung, PS	600
Höchstgeschwindigkeit, km/h	43
Fahrbereich, km	250

FERTIGUNGSZAHLEN SCHWERER PANZERKAMPFWAGEN KW-15			
Jahr	1942	1943	Insgesamt
Gefertigte KW-2	624	459	1083

Schwerer Panzerkampfwagen KW-1S.

Schwerer Panzerkampfwagen KW-85

Als der äußerst schlagkräftige, gut gepanzerte deutsche PzKpfw VI »Tiger« Ende 1942 an der Front erschien, waren die schweren sowjetischen Panzer KW-1 und KW-1S sozusagen über Nacht veraltet. Die Panzerung der KW-Typen, welche die bisherigen deutschen Kampfwagenkanonen nur unter günstigen Bedingungen durchschlagen konnten, stellte für die 8,8-cm-Panzerkanone des »Tiger« auch auf größere Entfernungen kein Problem dar. Umgekehrt konnte die sowjetische 76,2-mm-Kanone SIS-5 die Panzerung des »Tiger« nur auf Entfernungen unter 200 m durchdringen und dies hauptsächlich an den Seiten und am Heck. Zwischen dem 25. und 30. April 1943 nahmen verschiedene sowjetische Kanonen einen erbeuteten Panzer »Tiger« unter Beschuss. Die Ergebnisse zeigten, dass Teile der Frontpanzerung des »Tiger« auf bis zu 1000 m nur von der sowjetischen 85-mm-Flak M1939 (52-K) durchschossen werden konnten (das Gegenstück zur deutschen 8,8-cm-Flak und auf ihrer Grundlage entwickelt, siehe Teil I). Am 5. Mai 1943 verabschiedete das Staatliche Verteidigungskomitee die Resolution № 3289 über die »Verstärkung der Geschützbewaffnung von Sturmgeschützen und Panzern«. Diese Resolution stellte sowjetische Geschütz- und Panzerkonstrukteure vor die Aufgabe, 85-mm-Sturmgeschütz- und Kampfwagenkanonen mit der Leistung nämlicher Flak zu entwickeln. Die Geschütze sollten sowohl im Standardturm des KW-1S als auch im Turm des neuen »Josef Stalin«-Panzers (JS) Verwendung finden. Das Hauptkonstruktionsbüro für Artillerie unter Wassili Grabin schlug die auf Basis der 76,2-mm-Kampfwagenkanone SIS-5 entwickelte 85-mm-Panzerkanone S-31 vor. Das Konstruktionsbüro des Artilleriewerkes Nr. 9 unter Fjodor Petrow entwickelte hingegen die 85-mm-Panzerkanone D-5T. Bald stellte sich heraus, dass die 85-mm-Kanone grundsätzlich nicht in den Turm des KW-1S passte. Die Situation war umso dramatischer, da sich die Entwicklung des neuen schwe-

Der schwere Panzerkampfwagen KW-85 stellte das letzte Modell der KW-Reihe und eine Zwischenlösung auf dem Weg zum »Josef Stalin«-Panzer dar. Er erhielt als erster sowjetischer Panzer die 85-mm-Kanone D-5T im Turm des JS-1, dessen Wanne noch nicht durchkonstruiert war. Stattdessen wurde der JS-Turm auf eine Wanne des KW-1S gesetzt.

ren »Josef Stalin« ziemlich verzögerte. Die Lösung des Problems brachte ein Vorschlag der Konstrukteure des Kirowski-Werks in Tscheljabinsk und des Werkes Nr. 100 unter Josef Kotin. Dieser sah vor, die D-5T in den größeren Panzerturm des noch nicht zu Ende entwickelten JS-Panzers einzubauen. Da die Wanne des JS noch nicht durchkonstruiert war, wurde vorgeschlagen, dessen Turm auf das Chassis des KW-1S zu setzen. Der Prototyp des Mischlings wurde am 20. Juli 1943 vorgestellt. Bereits am 8. August 1943, noch vor Abschluss der Erprobung, übernahm ihn die Rote Armee nach Beschluss Nr. 3891 des Staatlichen Verteidigungskomitees als KW-85. Nur wenige Tage später verließen die ersten Fahrzeuge die Montagehallen des Kirowski-Werks.

Der KW-85 war das letzte Modell der KW-Reihe und bildete den nächsten Schritt auf dem Weg zu einem Fahrzeug, das in Panzerung und Bewaffnung allen bisherigen Sowjetpanzern deutlich überlegen war. Die Kanone D-5T mit einer Lauflänge von 42 Kalibern verlieh der 9,2 kg schweren Panzergranate eine Anfangsgeschwindigkeit von 792 m/s, womit sie die Panzerung des »Tiger« im Auftreffwinkel von 90° auf 500–1000 m durchdringen konnte. Die Kanone lagerte mit Zapfen in der Turmfront und erhielt eine starke Blende. Zum Nachteil gereichten ihr die zahlreichen Kleinteile sowie die hohen Anforderungen an Verarbeitung und Qualität. Diese verlangsamten die Fertigung der D-5T beträchtlich, so dass man sie bald durch die einfachere und technologisch weniger aufwändige 85-mm-Kanone SIS-S-53 ersetzte. Der Einbau erforderte Änderungen auch in der Munitionslagerung, die Kampfbeladung musste sich auf 70 Granaten beschränken. Anstelle eines beweglichen Wannen-MG in Kugelblende trat ein fest installiertes MG, das über die Bewegung des Panzers gerichtet wurde und deshalb nur für grobes Streufeuer taugte. Diese Änderung ermöglichte jedoch den Verzicht auf den Funkerplatz in der Wanne und damit auf ein fünftes Besatzungsmitglied. Das Funkgerät 10 R bediente nun der Kommandant. Da es sich beim KW-85 um eine Art Übergangsmodell handelte, wurde er nur relativ kurze Zeit gebaut. Im August 1943 wurden 22 KW-85 hergestellt, im September und Oktober jeweils 63 Stück.

PANZERKAMPFWAGEN KW-85	
Gefechtsgewicht, t	46
Abmessungen:	
- Länge, mm	6950
- Breite, mm	3250
- Höhe, mm	2530
Besatzung	4 Mann
Bewaffnung	1 x 85 mm Kanone D-5T
	3 x 7,62 mm Maschinengewehr DT
Kampfbeladung	70 Granaten 85 mm
	3276 Patronen 7,62 mm
Panzerung:	
- Wannenfront, mm	75
- Turmfront, mm	100
Motortyp	Dieselmotor W-2K
Leistung, PS	600
Höchstgeschwindigkeit, km/h	42
Fahrbereich, km	230

Schwerer Panzerkampfwagen KW-85.

Schwerer Panzerkampfwagen JS-1

Zu den Sofortmaßnahmen der sowjetischen Führung nach Erscheinen des deutschen PzKpfw IV »Tiger«, der eine Art Schock auslöste, zählte die Entwicklung eines schweren Panzers, der dem gefürchteten »Tiger« gewachsen sein sollte. Die entsprechende Anweisung an das Kirowski-Werk in Tscheljabinsk und das Werk Nr. 100 enthielt die Resolution Nr. 2943 des Staatlichen Verteidigungskomitees vom 24. Februar 1943. Der vom Konstruktionsbüro des Kirowski-Werks in Folge entwickelte Panzerkampfwagen »Josef Stalin«1 (JS-1) unterschied sich von den KW-Panzern durch verstärkten Panzerschutz, einen neuen Motor und eine geänderte Kraftübertragung. Die Wannenform und die Gesamtkonstruktion richteten sich am zuvor entwickelten Prototyp KW-13 aus. Die Stärke der Wannenpanzerung vorn betrug satte 120 mm, der Turmfront 100 mm und der Wannenseiten 90 mm. Der Fahrer saß mittig im Wannenbug, den er nur über die Turmluke erreichte. Er erhielt eine Beobachtungsklappe mit gepanzerter Abdeckung und Schutzglasblock. Das nur durch Lenkbewegungen des Fahrzeuges richtbare Wannen-MG befand sich rechts vom Fahrer, der eine Bodenluke hinter dem Sitz als Notausstieg nutzen konnte. Im Unterschied zur KW-Reihe erhielt der JS-1 ein zweistufiges Planetenlenkgetriebe. Dennoch stammten viele Baugruppen und Teile von der KW-Serie, was der schnellen Einführung des JS-1 und der Fertigung zugute kam. Von insgesamt 340 Bestandteilen des Schaltgetriebes waren lediglich 90 neu. Im Motor wurden 70 KW-Teile verbaut, nur 30 waren neu, usw. Die Bewaffnung bestand aus einer 85-mm-Kanone D-5T und drei 7,62-mm-Maschinengewehren. Die Kampfbeladung umfasste 59 Granatpatronen, die im Turm und auf beiden Seiten des Kampfraums verstaut wurden. Hier die Munitionstypen:

Einer der ersten »Josef-Stalin«-Panzer vom Typ JS-1.

Ein schwerer JS-1 vor dem Kirowski-Werk in Tscheljabinsk.

- **16-kg-Panzergranate mit 9,2-kg-Geschoss mit Leuchtspur und ballistischer Haube BR-365; Anfangsgeschwindigkeit 792 m/sec;**
- **16-kg-Panzergranate mit 9,2-kg-Spitzgeschoss und Leuchtspur BR-365K; Anfangsgeschwindigkeit 792 m/sec;**
- **11,42-kg-Panzergranate mit 5-kg-Unterkalibergeschoss BR-365P; Anfangsgeschwindigkeit 1050 m/s;**
- **14,95-kg-Sprenggranate mit 9,54-kg-Spreng-/Splittergeschoss O-365; Anfangsgeschwindigkeit 792 m/s.**

Die Panzergranate BR-365 durchschlug auf 500 m 111 mm Panzerstahl und auf 1000 m noch bis zu 102 mm; allerdings nur bei Auftreffwinkel 90°. Bei Auftreffwinkel 30° waren es auf 500 m 98 mm Panzerstahl und auf 600–1000 m 83–88 mm. Das Unterkalibergeschoss BR-365P durchbohrte auf 500 m bis zu 140 mm. Die Spreng-/Splittergranate O-365 ließ sich je nach Zünder zur Bekämpfung unterschiedlicher (Weich-)Ziele verwenden. Mit Einführung des mittleren T-34/85 und des schweren JS-1, der manchmal auch unter JS-85

PANZERKAMPFWAGEN JS-1	
Gefechtsgewicht, t	44,0
Abmessungen:	
- Länge, mm	6770
- Breite, mm	3070
- Höhe, mm	2735
Besatzung	4 Mann
Bewaffnung	1 x 85 mm Kanone D-5T
	3 x 7,62 mm Maschinengewehr DT
Kampfbeladung	59 Granaten 85 mm
	2520 Patronen 7,62 mm
Panzerung:	
- Wannenfront, mm	120
- Turmfront, mm	100
Motortyp	Dieselmotor W-2-10
Leistung, PS	520
Höchstgeschwindigkeit, km/h	40
Fahrbereich, km	150

firmierte, kam es in der Roten Armee zu einer ähnlichen Situation wie in den Jahren 1941–1942: Der schwere Panzer hatte eine ganz ähnliche Bewaffnung wie der mittlere, was sozusagen »doppelt gemoppelt« war und damit keine zusätzlichen taktischen Vorteile brachte. Mit anderen Worten: die ursprüngliche Rolle zur Unterstützung mittlerer Panzer in der Durchbruchsrolle war damit hinfällig. Daher wurde der JS-1 nur relativ kurze Zeit produziert (1943), zumal sich die Arbeiten zum Einbau der langrohrigen 122-mm-Kanone D-25 mit Mündungsbremse ihrem Ende zuneigten. Der neue JS-2 trat an Stelle des JS-1. Insgesamt wurden nur 107 JS-1 gebaut; nach anderen Angaben 130 Stück.

Der JS-1 und sein Nachfolger JS-2 gehörten zur Ausstattung einiger ab Februar 1944 errichteten schweren Panzerregimenter (die nach deutschen Maßstäben lediglich die Stärke einer vergrößerten Abteilung besaßen). Jedes Regiment bestand aus vier Kompanien zu je fünf Fahrzeugen. Zusammen mit dem Kommandeurspanzer verfügte das Regiment damit über 21 JS-1/JS-2. Wie schon die Raketenartillerie-Regimenter erhielten auch die schweren Panzerregimenter von Anfang an Gardestatus.

Schwerer Panzerkampfwagen JS-1 mit 12,7-mm-Fla-MG Dschk, mit dem die meisten Fahrzeuge erst nach Kriegsende nachgerüstet wurden.

Schwerer Panzerkampfwagen JS-2

Der JS-1 konnte nur zum Teil mit den weiterhin überlegenen deutschen PzKpfw V »Panther« und PzKpfw VI »Tiger« gleichziehen. Die 85-mm-Kanone D-5T des JS-1 durchdrang auf 500–1000 m die Panzerung des schweren deutschen »Tiger« nur an bestimmten Stellen und bei idealem Auftreffwinkel 90°, was unter Gefechtsbedingungen äußerst selten vorkam. Die starke Frontpanzerung des »Tiger« schaffte sie in keinem Fall. Da die Sowjets ihre schweren Kampfwagen jedoch auch als Durchbruchspanzer sahen, die besonders starke und widerstandsfähige Feldbefestigungen und Verteidigungslinien durchstoßen sollten, kam der Spreng-/Splitterwirkung der Granaten eine nicht minder wichtige Bedeutung zu als der panzerbrechenden. Die der Munition des 52-K-Flugabwehrgeschützes entlehnten 85-mm-Panzergranaten hatten jedoch so gut wie keine Splitterwirkung. Daher entschied sich Josef Kotin, Chefkonstrukteur des Tscheljabinsker Kirowski-Werks und des

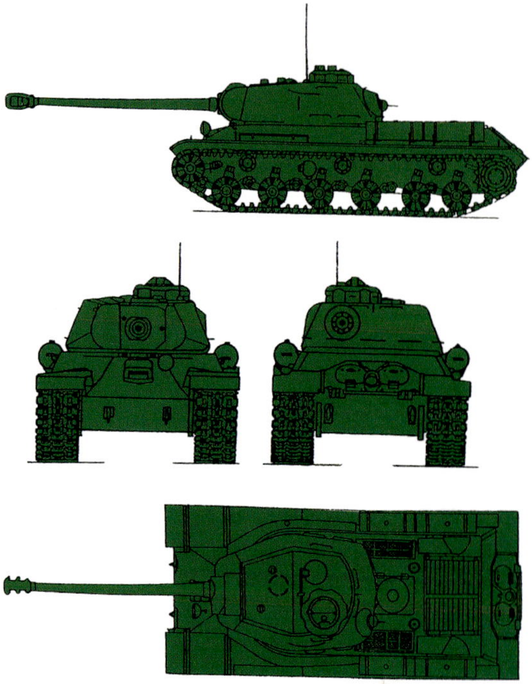

Schematische Vierseiten-Darstellung des JS-2.

Schwerer Panzerkampfwagen JS-2 im Wintertarnanstrich. Die Höchstgeschwindigkeit des 46-Tonners auf der Straße lag bei 40 km/h. Man beachte die Anordnung des Fahrerplatzes mittig im Wannenbug. Von Dezember 1943 bis Juni 1945 wurden insgesamt 3385 JS-2 gebaut.

Schwere Panzerkampfwagen JS-2 auf dem Marsch. Die lange 122-mm-Kanone D-25T mit Mündungsbremse kommt gut zur Geltung. Sie verschoss geteilte Munition mit großer Wirkung, aber geringer Feuerfolge.

PANZERKAMPFWAGEN JS-2	
Gefechtsgewicht, t	46,0
Abmessungen:	
- Länge, mm	6770
- Breite, mm	3070
- Höhe, mm	2730
Besatzung	4 Mann
Bewaffnung	1 x 122 mm Kanone D-25T
	3 x 7,62 mm Maschinengewehr DT
Kampfbeladung	28 Granaten/Kartuschen
	2331 Patronen 7,62 mm
Panzerung:	
- Wannenfront, mm	120
- Turmfront, mm	100
Motortyp	Dieselmotor W-2-10
Leistung, PS	520
Höchstgeschwindigkeit, km/h	40
Fahrbereich, km	180

FERTIGUNGSZAHLEN SCHWERER PANZERKAMPFWAGEN JS-2				
Jahr	1943	1944	1945	Insgesamt
Gefertigte KW-2	35	2210	1140	3385

12,7-mm-Fla-MG Dschk eines JS-2 beim Einsatz im Häuserkampf.

Werks Nr. 100, dem »Josef Stalin« die 122-mm-Feldkanone A-19 – ein Artilleriegeschütz (vgl. Teil 1) – einzubauen –, die Geburtsstunde des JS-2. Das Konstruktionsbüro des Artilleriewerks Nr. 9 modifizierte die Waffe für den Einbau in den Panzer und stattete sie mit einer Zweikammer-Mündungsbremse und einer kompakten Rücklaufbremse aus. Um dem Richtschützen die Arbeit zu erleichtern, kamen sämtliche Richtelemente auf seine Seite. Die so modifizierte Kanone erhielt die Bezeichnung D-25T. Sie verschoss getrennte Munition und die Kampfbeladung umfasste 28 Granaten und Kartuschen. Die Granaten setzten sich zusammen aus:

- **25-kg-Panzergranate mit Leuchtspur und Spitzkopf BR-471;**
- **25-kg-Panzergranate mit Flachkopf und ballistischer Haube BR-471;**
- **25-kg-Splitter-/Sprenggranate OF-471.**
- Von Interesse sind Angaben über die Ergebnisse vom Beschuss erbeuteter deutscher Panzer mit der Flachkopfgranate BR-471 auf 1400 m:
- **PzKpfw IV Ausf. H wurde komplett durchschossen.**
- **Treffer auf dem Wannenbug des PzKpfw V »Panther« erzeugten 150 x 230 mm große Einschusslöcher und Risse entlang der Schweißnaht. Hecktreffer am Turm erzeugten ein 130 x 130 mm großes Einschussloch; die Granate trat an der gegenüberliegenden Turmseite aus und die Schweißnaht riss auf. Treffer der Turmfront erzeugten 180 x 240 mm große Einschusslöcher, der Turm wurde aus dem Drehkranz gehoben und um 500 mm verschoben.**
- **Traf ein 122-mm-Geschoss auf eine bereits von einer 85-mm-Granate durchbohrte Wannenfront des PzKpfwVI Ausf. H, wurde die 82 mm dicke Panzerplatte vollständig aus den Schweißnähten gerissen, das Geschoss durchdrang zudem den gesamten Innenraum.**

Zusätzlich zur 122-mm-Kanone erhielt der JS-2 drei 7,62-mm-Panzermaschinengewehre DT und ab Herbst 1944 ein schweres 12,7-mm-MG DSchK zur Flieger abwehr. Dieses Maschinen-

gewehr diente auch zur Abwehr deutscher Panzernahkämpfer, die mit Panzerfäusten und Nahkampfmitteln sowjetischen Panzereinheiten schwere Verluste beibrachten. Da JS-Kommandanten zur Bedienung des DSchK-MG den Schutz des Panzers zumindest mit dem Oberkörper verlassen mussten, kam es zu hohen Ausfällen. Erst gegen Ende des Krieges wurde eine Vorrichtung entwickelt, die eine Innenbedienung des Maschinengewehrs ermöglichte. Der Kommandant zielte über ein Periskop und betätigte eine elektrische Abfeuerung im Griff des Periskops.

Der JS-2 erhielt die Funkanlage 10RK-26 sowie die Panzeroptiken TSch-17 und POP.

Der JS-2 wurde durch Beschluss des Staatlichen Verteidigungskomitees Nr. 4479 ss vom 31. Oktober 1943 in der Roten Armee eingeführt. Die Serienfertigung erfolgte im Kirowski-Werk in Tscheljabinsk. Der größte Nachteil des JS-2 gegenüber den deutschen »Panther« und »Tiger« bestand in seiner geringen Nachladegeschwindigkeit und Feuerfolge aufgrund der getrennten Munition. Außerdem konnte die Kanone ihre artilleristische Abstammung nicht verleugnen: auf größere Entfernungen wurde das Treffen wegen der gekrümmten Flugbahn der schweren Geschosse immer schwieriger.

Zusätzlich zu den im Kirowski-Werk hergestellten JS-2 wurden im Mai bis Juni 1945 weitere zehn Fahrzeuge im restaurierten Kirowski-Werk in Leningrad zusammengebaut. Somit belief sich die Gesamtzahl an JS-2 auf 3395 Panzerkampfwagen.

Der JS-2 kam bei schweren Garde-Panzerregimenten zum Einsatz. Jedes Regiment bestand aus vier Kompanien zu je fünf Panzern plus dem Panzer für den Regimentskommandeur (siehe JS-1). Im Dezember 1944 stellte die Rote Armee schwere Garde-Panzerbrigaden zu je drei Regimentern auf. Eine Brigade verfügte über 65 schwere Panzerkampfwagen.

Schwere Panzerkampfwagen JS-2.

Schwerer Panzerkampfwagen JS-3

Ende September 1944 begann das Konstruktionsbüro des Kirowski-Werkes in Tscheljabinsk mit der Entwicklung eines neuen schweren JS-Panzers. Darin flossen die nach der Schlacht von Kursk im Juli/August 1943 gewonnenen Erfahrungen einer Kommission ein, die Beschuss-Schäden an sowjetischen Panzerkampfwagen untersuchte. Insbesondere ging es um Treffer an Wannen- und Turmfronten. Die Tscheljabinsker zeigten sich von der Leistung der deutschen Waffen beeindruckt und schufen einen neuen, rundum abgeschrägten Gussturm mit variablen Wandstärken. Auch die Wanne wurde neu konzipiert und komplett verschweißt. Die Wannenfront bestand aus zwei abgeschrägten Bugplatten oben und einer abgeschrägten Platte unten. Aus dem bisher keilförmigen Bug wurde ein dreiflächiger, der einem umgekehrten »V« ähnelte und wegen seiner Form die inoffizielle Bezeichnung »Hechtnase« erhielt. Nach dem T-34/76 war wieder ein Panzerkampfwagen mit idealer geschossabweisender Form entstanden. Erprobungen erfolgten vom 18. bis zum 24. Dezember 1944, wobei die Probefahrten zufrieden stellend verliefen. Der Beschuss des Panzers mit panzerbrechenden Granaten einer 8,8-cm-Langrohrkanone des deutschen Panzerjägers »Nashorn« (Sd.Kfz.164) und einer sowjetischen 122-mm-Kanone des Sturmgeschützes JSU-122 aus unterschiedlichen Entfernungen ergab Folgendes:

- **Die oberen Bugpanzerplatten konnte die abgleitende 8,8-cm-Panzergranate erst unter 350 m durchschlagen (das Geschoss hinterließ ansonsten eine 28 mm tiefe Einbeulung) und die 122-mm-Panzergranate unter 690 m (ansonsten 35-mm-Beulen);**
- **Die Turmfront durchschlug die 8,8-cm-Panzergranate auf 300 m; die Seiten und das Heck auf 1000 m.**

Auf dieser Aufnahme aus der Berliner Parade vom 7. September 1945 kommen die geschossabweisenden Schrägflächen des JS-3 gut zur Geltung. Die Panzerung betrug an der Turmfront bis zu 250 mm. Die 122-mm-Kanone entsprach dem JS-2.

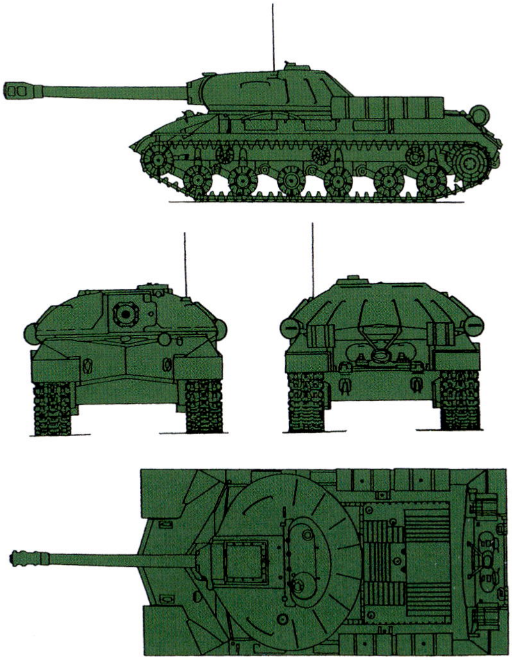

Schematische Vierseiten-Darstellung des JS-3.

PANZERKAMPFWAGEN JS-3	
Gefechtsgewicht, t	46,0–46,5
Abmessungen:	
- Länge, mm	6900
- Breite, mm	3150
- Höhe, mm	2450
Besatzung	4 Mann
Bewaffnung	1 x 122 mm Kanone D-5T
	1 x 12,7 mm Maschinengewehr DSchK
	1 x 7,62 mm Maschinengewehr DTM
Kampfbeladung	28 Granaten/Kartuschen
	250 Patronen12,7 mm
	756 Patronen 7,62 mm
Panzerung:	
- Wannenfront, mm	120
- Turmfront, mm	250
Motortyp	W-11-IS3
Leistung, PS	520
Höchstgeschwindigkeit, km/h	40
Fahrbereich, km	340

Der schwere Panzerkampfwagen JS-3 kam während des 2. Weltkriegs nicht mehr zum Einsatz. Dennoch führten ihn die Sowjets den Westalliierten bei der großen Siegesparade am 7. September 1945 in Berlin vor.

Der neue JS-3 übernahm vom JS-2 die 122-mm-Kanone D-25T mit den gleichen Vor- und Nachteilen. Der Turm verfügte neben dem händischen über einen elektrischen Schwenkantrieb, wobei der Kommandant erstmals bei sowjetischen Panzern den Richtschützen übersteuern konnte. Dazu betätigte er einen Knopf, während er das Ziel über sein ZF im Blickfeld behielt. Stimmten Sichtlinie und Rohrseelenachse überein, stoppte die Schwenkbewegung automatisch. Als Turmzielfernrohr diente das Modell TScha-17. Als Zweitbewaffnung führte der JS-3 ein 7,62-mm-Maschinengewehr DTM und ein schweres 12,7-mm-MG DSchK. Beide wurden im Turm nah an Kommandantenluke eingebaut. Als Funkanlage dienten das Funkgerät 11-RK-26 und die Bordsprechanlage TPU-4-BisF.

Nach den Ergebnissen staatlicher Testläufe im Februar 1945, wurde der Panzer als „Josef Stalin" 3 zur Übernahme durch die Rote Armee und zur Serienproduktion empfohlen, die das Kirow-Werk in Tscheljabinsk übernahm. Bis zum 1. Mai 1945 stellte es die ersten 25 Fahrzeuge her.

Der JS-3 kam für die Kämpfe des 2. Weltkriegs zu spät. Die Sowjets ließen es sich aber nicht nehmen, bei der Parade in Berlin am 7. September 1945 ein JS-3-Regiment auffahren zu lassen, um auf diese Weise (den Westalliierten) effektvoll die Macht der sowjetischen Panzertruppen zu demonstrieren.

Schwerer Panzerkampfwagen JS-3.

STURMGESCHÜTZE

Sturmgeschütze sind Geschütze auf turmlosen Rad- oder Kettenfahrgestellen, die dazu bestimmt sind, Panzer und Infanterie im Kampf zu unterstützen (Hinweis: die sowjetische Seite kannte den Begriff »Sturmgeschütz« nicht und bezeichnete derartige Fahrzeuge als »Selbstfahrgeschütze«). Ihre Aufgaben umfassten direkte Artillerieunterstützung im Angriff wie in der Verteidigung sowie die Bekämpfung feindlicher Panzer und Sturmgeschütze. Die Artillerie der Roten Armee sah für die Jahre 1933–1937 die Entwicklung und den Bau folgender Sturmgeschütze vor:

- **Rückstoßfreies 76-mm-Geschütz »K« auf Lkw/Pkw-Fahrgestell;**
- **Kanonen der so genannten »kleinen Dreiergruppe« (76,2-mm-Kanone, 122-mm-Haubitze und 152-mm-Mörser) auf Panzerfahrgestell;**
- **76,2-mm-Flak auf Panzerfahrgestell.**

Die Entwicklung von Sturmgeschützen sowie die Produktion bereits entwickelter Modellen wurden durch die stalinistischen „Säuberungen" gestoppt, denen sowohl einige Entwickler als auch einer der besten Marschälle der Sowjetunion zum Opfer fiel: Michail Tuchatschewski, der die selbstfahrende Artillerie stark gefördert hatte.

Da die deutsche Seite Sturmgeschütze für verschiedene Zwecke (Panzerabwehr, Angriff, Infanterie-Unterstützung) mit großem Erfol einsetzte, wurde die sowjetische Führung dazu gezwungen, ihre ursprüngliche Meinung über Sturmgeschütze als "verhinderte Panzer" zu überdenken. Manöver- und später Gefechtserfahrungen zeigten, dass die Kraftzugartillerie hinter den Panzerverbänden zurückblieb und diese nach entsprechendem Geländegewinn oft ohne direkte Artillerieunterstützung auskommen mussten. Gleichzeitig entstand Bedarf an beweglichen Geschützen, die Infanterie und Panzer bei Durchbrüchen befestigter Stellungen begleiten konnten. Die Lösung der Probleme bestand in der Schaffung geländegängiger Sturmgeschütze mit zuverlässigem Panzerschutz und stärkerer Bewaffnung als Panzerkampfwagen. Bleibende Eindrücke hinterließen dann die deutschen Sturmgeschütze, die sich an der Ostfront hervorragend bewährten. In Folge leitete das Staatliche Verteidigungskomitee die Entwicklung und Produktion folgender eigener Modelle in die Wege:

- **SU-76 (SU-76M), insgesamt 11.934 hergestellt;**
- **SU-85 (SU-85M) insgesamt 2654 hergestellt;**
- **SU-100, insgesamt 2465 hergestellt;**
- **SU-122, insgesamt 638 hergestellt;**
- **SU-152, insgesamt 671 hergestellt;**
- **JSU-152, insgesamt 2574 hergestellt;**
- **JSU-122 (JSU-122S), insgesamt 1475 hergestellt.**

Darüber hinaus wurden Fahrgestelle einiger erbeuteter deutscher Panzerkampfwagentypen mit sowjetischen Kanonen versehen und so in Sturmgeschütze verwandelt: fünf 122 mm SG-122 (A) und 202 76,2 mm SU-76 (I). Im Zuge der US-Hilfslieferungen erhielt die Rote Armee weitere 1802 Selbstfahrgeschütze zur Panzerabwehr und als Flakträger.

Im November 1942 wurde beschlossen, alle Zuständigkeiten bezüglich Aufstellung, Ausbildung und Einsatz von selbstfahrenden Geschützen dem Artillerieleiter der Roten Armee zu übertragen. Im April 1943 erhielten die Sturmgeschütz-Truppenteile Verstärkung durch Panzerkampfwagen, da sie zunehmend zur Unterstützung des Panzergefechts eingesetzt wurden und somit eng mit Panzerkampfwagen zusammenarbeiten mussten.

Als taktisch günstigste Gliederung wurde die Regimentsstruktur eingeführt, die bei der Artillerie weit verbreitet war. Es wurde beschlossen, alle Sturmgeschützverbände der Reserve des Oberkommandos zu unterstellen. Anfang Dezember 1943 wurde der Etat Nr. 08/158 genehmigt, nach dem das Sturmgeschützregiment aus vier Batterien (17 SAU) SU-76 und zwei (8 SAU) SU-122 bestehen und eine Sollstärke von 307 Mann aufweisen sollte.

Die gemischte Struktur der Regimenter erwies sich jedoch als unzweckmäßig, weshalb sie in Folge mit Kampffahrzeugen gleicher Art ausgestattet wurden. In der Regel bestand ein Regiment aus vier Batterien zu je fünf Fahrzeugen plus ein Sturmgeschütz für den Regimentskommandeur. Gegen Ende des Krieges wurde – nach deutschem Vorbild – mit der Errichtung von Sturmgeschützbrigaden zu je drei Regimenten begonnen. Am 9. Mai 1945 zählte die Rote Armee zwölf Sturmgeschützbrigaden, 256 Sturmgeschützregimenter und 70 separate Abteilungen als Teil von Schützendivisionen.

Sturmgeschütz SIS-30

Ein Schutzschild bot nur zwei Mann der vierköpfigen Geschützbedienung des SIS-30 notdürftigen Schutz vor Handwaffengeschossen und Granatsplittern.

Ende der 1930er-Jahre kamen die Konstrukteure des Artilleriewerks Nr. 92 zum Schluss, Geschütze sollten nicht nur auf der Straße hohe Marschgeschwindigkeiten erreichen, sondern auch über gute Geländegängigkeit auf dem Gefechtsfeld verfügen. In erster Linie ging es dabei um Panzerabwehrgeschütze, die Panzereinheiten beim Vorstoß unterstützen sollten. So entstand die Idee, eine Panzerabwehrkanone auf ein Kettenfahrgestell zu setzen.

Bei der Bewaffnung fiel die Wahl auf die außerordentlich leistungsfähige 57-mm-Pak SIS-2; beim Fahrgestell auf den teilgepanzerten leichten Artillerieschlepper T-20 »Komsomolez« (siehe unten).

Die Initiative der Konstrukteure unterstützte der Volkskommissar für Rüstung Dmitri Ustinow. Mit seinem Befehl vom 1. Juli 1941 verpflichtete er das Werk, das Modell innerhalb von zwei Wochen zu entwickeln. Der Prototyp des Sturmgeschützes SIS-30 lag am 20. Juli 1941 vor. Am 23. Juli 1941 verpflichtete der Beschluss Nr. 252-ss des Staatlichen Verteidigungskomitees das Volkskommissariat für Rüstung, unverzüglich ein erstes Los von hundert 57-mm-Panzerabwehrkanonen

Das Sturmgeschütz SIS-30 nutzte das Fahrgestell des teilgepanzerten leichten Artillerieschlepper T-20 »Komsomolez« und trug die leistungsfähige 57-mm-Pak SIS-2.

auf Fahrgestell »Komsomolez« herzustellen. Keine leichte Aufgabe: zu Gunsten der Fertigung von Panzerkampfwagen war die Produktion von Artillerieschleppern zurückgefahren bzw. eingestellt worden. Und der T-20 »Komsomolez« gehörte zu den ersten Schleppern, die aus der Produktion genommen worden waren (bereits am 1. August 1941). Aus diesem Grund sah sich das Werk Nr. 92 gezwungen, T-20 aus den verschiedensten Reparaturwerkstätten und Einheiten zusammenzuklauben und erst einmal instandzusetzen. Erst danach war der Geschützaufbau möglich. Unter diesen Umständen verzögerte sich der Produktionsanlauf auf Mitte September 1941. Bis zum 15. Oktober erhielt die Rote Armee dann aber 101 Fahrzeuge.

Das Sturmgeschütz SIS-30 bestand aus der drehbar gelagerten Kanone SIS-2 mit Schutzschild auf dem modifizierten Fahrgestell des Schleppers T-20. Der Umbau des Schleppers bestand darin, die Sitze zu entfernen und an ihrer Stelle eine U-förmige Platte als Bettung für die Kanone anzubringen. Sporne am Heck wirkten beim Schießen dem Rückstoß der Kanone entgegen. Im September und Oktober 1941 lief das SIS-30 insgesamt 14 Panzerbrigaden und einem Kradschützenregiment an der (sowjet.) West- und Südwestfront zu. Es erwies sich als zuverlässige Panzerabwehrwaffe.

STURMGESCHÜTZ SIS-30	
Gefechtsgewicht, t	3,96
Abmessungen:	
- Länge, mm	3450
- Breite, mm	1859
- Höhe (Wanne), mm	1580
Besatzung	5 Mann
Bewaffnung	57 mm Kanone SIS-2
Panzerung:	
vorn, mm	10
hinten, mm	7
Motortyp	GAS M-1
Leistung, PS	50
Höchstgeschwindigkeit, km/h	47
Fahrbereich, km	150

Hinweis:
Fahrzeuge mit relativ ungeschütztem Geschützaufbau oder oben offenem Aufbau liefen bei der deutschen Wehrmacht nicht unter der Bezeichnung Sturmgeschütz, sondern hießen »Panzerjäger«, wie z. B. der Panzerjäger »Marder I« als Träger einer 7,5 cm- oder 7,62-cm-Pak auf französischen Beutefahrgestellen).

Sturmgeschütz SIS-30 in Reichswehr-ähnlicher Tarnbemalung.

Sturmgeschütz SU-76M

Das Sturmgeschütz mit der 76,2-mm-Divisionskanone SIS-3 wurde im Werk Nr. 38 in Kirow (Kolomna) von einer Gruppe von Konstrukteuren unter Semjon Ginsburg entwickelt. Die Entwicklung erfolgte auf Grundlage des Erlasses Nr.2429-ss des Staatlichen Verteidigungskomitees vom 19. Oktober 1942, der die Entwicklung und Vorbereitung der Serienproduktion von »Artillerieselbstfahranlagen« für verschiedene Zwecke vorsah. Insbesondere die 76,2-mm-Kanone wurde als tauglich für »Angriffszwecke« eingestuft und sollte beweglich zur Infanterie-Unterstützung eingesetzt werden. Der Prototyp mit der Werksbezeichnung SU-12 ging im November 1942 in die Erprobung. Am 19. November 1942 empfahl die staatliche Kommission das SU-12 der Roten Armee zur Übernahme. Am 2. Dezember 1942 verabschiedete das Staatliche Verteidigungskomitee den Beschluss über die Produktion von Sturmgeschützen SU-12 unter der neuen Bezeichnung SU-76. Am 1. Januar 1943 erhielt das Ausbildungszentrum für Selbstfahrartillerie die ersten 25 SU-76. In Folge entstanden die ersten Sturmgeschützregimenter.

Der leichte Panzerkampfwagen T-70 lieferte das modifizierte Fahrgestell. Vorn links in der Wanne saß der Fahrer, auf der rechten Seite der Motor. Der Kampfraum mit eingebauter 76,2-mm-Kanone SIS-3 lag hinten. Anfänglich war er rundum gepanzert, aber im Laufe von Modernisierungsmaßnahmen, die mit dem Übergang zum Fahrgestell des Panzers T-70M zusammenhingen, verzichtete man auf das Dach.

Der Antrieb war suboptimal. Er bestand aus zwei parallel montierten Pkw-Benzinmotoren GAS-202 mit einer Leistung von 70 PS. Das Fahrzeug ließ sich nur schwer lenken und starke Schwingungen führten zum schnellen Ausfall von Getriebeteilen. Diese Mängel traten gleich beim ersten Kampfeinsatz an der Wolchow-Front

Das Sturmgeschütz SU-76M stellte die überarbeitete und verbesserte Ausführung des Modells SU-76 dar, dessen Produktion nach rund 700 Exemplaren aufgrund schwerwiegender Mängel eingestellt worden war. Das SU-76M ging im Sommer 1943 in die Serienfertigung. Die Aufnahme zeigt zwei bei einer Schützendivision eingesetzte Fahrzeuge mit aufgesessenen Infanteristen.

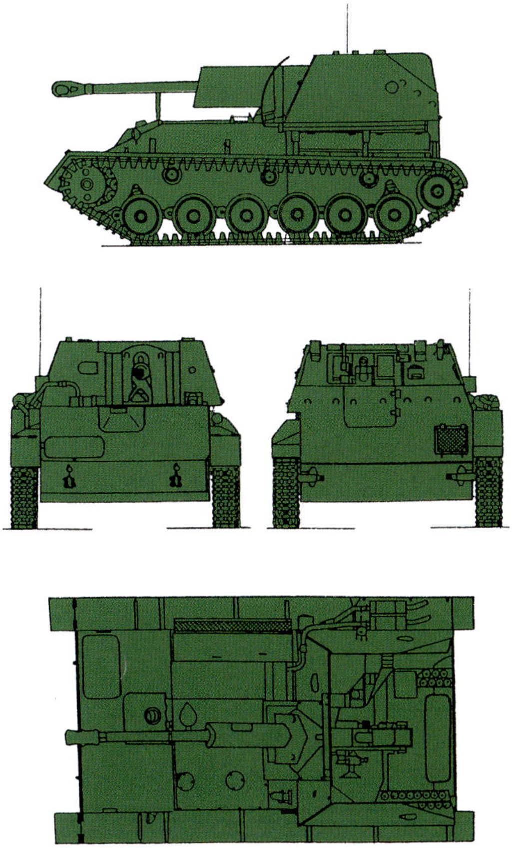

Schematische Vierseiten-Darstellung des SU-76M.

zutage. Sie waren so schwerwiegend, dass die Serienproduktion nach 698 gefertigten SU-76 eingestellt wurde und erst nach Behebung der Mängel wieder aufgenommen werden sollte. Der große Bedarf der Front an Sturmgeschützen führte jedoch zu einer halbherzigen Entscheidung: der "parallel" angeordnete Motor sollte beibehalten, aber einzelne Motorbauteile zur Verlängerung der Lebensdauer ausgetauscht bzw. verstärkt werden. Das modernisierte Modell (ohne gepanzertes Kampfraumdach) hieß SU-76M und ging im Sommer 1943 in Serienproduktion. Einige Fahrzeuge erhielt die Truppe noch vor Beginn der Schlacht bei Kursk. Das Gesamtergebnis war enttäuschend – die Zuverlässigkeit des Antriebes war keineswegs besser geworden: die Motoren fielen reihenweise aus, was den Gefechtseinsatz des SU-76M praktisch verhinderte.

Die Verantwortlichen erhielten empfindliche Strafen. Am 7. Juni 1943 verabschiedete das

SU-76M in der Bereitstellung für einen Angriff. Gut zu erkennen der blockartige Aufbau, mit dem sich das Modell von späteren sowjetischen Sturmgeschützen unterschied.

Staatliche Verteidigungskomitee den Beschluss Nr. 3530 "Über Sturmgeschütze SU-76", wonach der Chefkonstrukteur des SU-76 zur Frontbewährung zur 32. Panzerbrigade geschickt wurde. Als deren stellvertretender Chef der Instandsetzung fiel er am 3. August 1943. Der Volkskommissar für Panzerindustrie Isaak Saltzman wurde seines Postens enthoben und zum Direktor des Kirow-Werks in Tscheljabinsk bestimmt. Der Leiter der Hauptverwaltung für Artillerie Nikolai Jakowlew erhielt

STURMGESCHÜTZ SU-76M	
Gefechtsgewicht, t	10,6
Abmessungen:	
- Länge, mm	4966
- Breite, mm	2715
- Höhe (Wanne), mm	2100
Besatzung	4 Mann
Bewaffnung	1 x 76,2 mm Kanone SIS-3
Kampfbeladung	60 Granaten 76,2 mm
Panzerung:	
vorn, mm	35
hinten, mm	25
Motortyp	Benzinmotor GAS-203
Leistung, PS	2 x 85
Höchstgeschwindigkeit, km/h	45
Fahrbereich, km	270

einen Verweis und die Anweisung, besonderes Augenmerk auf die künftige Zusammensetzung der Versuchs- und Erprobungskommissionen zu legen.

Das SU-76M erfuhr eine erneute Überarbeitung; diesmal mit Erfolg. Die GAS-203-Motoren wurden hintereinander angeordnet und trieben zusammen nur eine Welle an.

Das modernisierte Modell erwies sich als deutlich langlebiger und verfügte über eine gute Geländegängigkeit. Es überwand Steigerungen bis zu 28°, Gräben bis zu 1,6 m Breite und senkrechte Hindernisse bis zu 60 cm Höhe. Ohne besondere Vorkehrungen durchwatete es Gewässer bis zu 90 cm Tiefe. Das SU-76M wurdein der Regel mit den Funkgeräten 12RT-3 oder 9R sowie mit einer Bordsprechanlage TPU-3 ausgestattet.

Die Testläufe des überarbeiteten Sturmgeschützes fanden im August 1943 statt, worauf es die Rote Armee unter der Bezeichnung SU-76M übernahm. Die Serienfertigung lief in den Werken

Nr. 38 und Nr. 40 sowie im Automobilwerk Gorki.

Das SU-76M gehörte zur Ausstattung leichter Sturmgeschützregimenter (21 pro Regiment) und von Sturmgeschützabteilungen (12 pro Abteilung) der Garde-Schützendivisionen.

Als 1944 die Panzerproduktion in der Sowjetunion ihren Höchststand erreichte, nahm das SU-76M etwa 25 Prozent der Gesamtproduktion der gepanzerten Kettenfahrzeuge ein.

Sturmgeschütz SU-76M.

FERTIGUNGSZAHLEN STURMGESCHÜTZE SU-76 UND SU-76M					
Jahr	1942	1943	1944	1945	Insgesamt
Gefertigte SU-76 und SU-76M	26	1908	7155	2966	12.055

Sturmgeschütz SU-76 (I)

Während ihrer Gegenoffensive im Jahrhundertwinter 1941/42 fiel der Roten Armee eine beträchtliche Anzahl liegen gebliebener (Kälte, Benzinmangel), aber weitgehend unbeschädigter deutscher PzKpfw III und PzKpfw IV in die Hände. Der Einsatz dieser Kampffahrzeuge in ihrer ursprünglichen Form war aufgrund fehlender Munition für die Kanonen schwierig. Ende Januar 1942 wurde daher beschlossen, auf ihrer Grundlage ein Sturmgeschütz zu entwickeln, das die sowjetische 76,2-mm-Kanone SIS-3 tragen sollte

Die Entwicklungsarbeiten oblagen einer Gruppe von Konstrukteuren unter Leitung von A.N. Kaschtanow. Im Februar 1943 begann das Werk Nr. 37 mit dem Bau eines Prototypen mit Werksbezeichnung SU-S-1. Am 6. März ging er in den Versuch und schon am 21. März empfahl die staatliche Prüfungskommission das neue Sturmgeschütz (eigentlich ein Panzerjäger) zur Übernahme. Die Produktion des SU-S-1, das nun offiziell SU-76 (I) hieß, lief im Nr. Werk 37. Der Buchstabe »I« stand dabei für das russische Wort »Иностранная« (*Inostrannaja*, ausländisch). Die ersten fünf Serienfahrzeuge erhielt Anfang April 1943 das Ausbildungsregiment für selbstfahrende Artillerie im Dorf Klyasma.

Das Sturmgeschütz SU-76 (I) war auf dem Fahrgestell des deutschen PzKpw III aufgebaut: Motor- und Getriebe befanden sich hinten (das Getriebe befand sich beim PzKpw III vorn und wurde nach hinten verlegt), vorn der Kampfraum mit Kanone. Der Fahrer saß links der Kanone. Der Kommandant erhielt eine Beobachtungskuppel mit Sehschlitzen. Die Bewaffnung bestand aus einer 76,2-mm-Panzerkanone F-34 mit halbautomatischen Verschluss (Konstrukteur Wassili Grabin); Seitenrichtbereich 20° und Höhenrichtbereich –5° bis +15°. Als Optiken dienten das Zielfernrohr TMFD-7 und ein Panorama-ZF. Vorn, an den Seiten und im Dach des Kampfraums saßen Winkelspiegel mit Schutzglasblöcken.

Der V-förmige flüssigkeitsgekühlte Viertakt-Benzinmotor Maybach HL-120 TRL mit 12 Zylindern und einer Leistung von 221 kW (300 PS) verlieh dem Fahrzeug eine Höchstgeschwindigkeit von bis zu 50 km/h. Das SU-76 (I) konnte Steigerungen bis zu 30°, Gräben bis zu 2,1 m Breite sowie senkrechte Hindernisse bis 1 m Höhe

Sturmgeschütz SU-76 (I) auf Fahrgestell eines deutschen Panzerkampfwagen III. Die Kommandantenkuppel wurde für dieses Befehlsfahrzeug ebenfalls übernommen. Der Buchstabe »I« stand für das russische Wort »Inostrannaja«, ausländisch/fremd.

STURMGESCHÜTZ SU-76 (I)	
Gefechtsgewicht, t	22,5
Abmessungen:	
- Länge, mm	5380
- Breite, mm	2910
- Höhe (Kabine), mm	2380
Besatzung	4 Mann
Bewaffnung	1 x 76,2 mm Kanone SIS-3
Kampfbeladung	98 Granaten 76,2 mm
Panzerung:	
vorn, mm	50
Motortyp	Benzinmotor
Leistung, PS	300
Höchstgeschwindigkeit, km/h	40
Fahrbereich, km	175

Als Bewaffnung erhielt das SU-76 (I) die 7,62-mm-Kanone F-34 des T-34/76, aber keinerlei MG. Man beachte die dicken Schweißnähte an der Blende.

überwinden und Gewässer bis 1 m Tiefe durchwaten. Der spezifische Bodendruck war aufgrund der schmalen Ketten hoch (0,1 MPa oder 1 kgf/cm^2), was beim Fahren in schlammigem Gelände zu berücksichtigen war. Das Sturmgeschütz erhielt das Funkgerät 9R, das auch der T-34 führte (jedenfalls die mit Funk ausgestatteten T-34), sowie die Bordsprechanlage TPU-ZF.

Nach 201 gebauten Fahrzeugen wurde die Fertigung des SU-76 (I) im November 1943 eingestellt. Seine Feuertaufe erlebte das SU-76 (I) im Juli/August 1943 während der Schlacht im Kursker Bogen. Anfang 1944 wurden übrig gebliebene Fahrzeuge an Ausbildungseinheiten abgegeben.

Heckansicht des SU-76 (I).

Sturmgeschütz SU-122

Das Modell SU-122 gehört neben dem SU-76 zu den ersten Sturmgeschützen, die während des Krieges in der UdSSR entwickelt wurden. Am 19. Oktober 1942 verpflichtete Beschluss Nr. 2429-ss des Staatlichen Verteidigungskomitees die Maschinenfabrik »Uralmaschsawod« und das Werk Nr. 592, auf Grundlage des Panzerkampfwagens T-34 schnellstmöglich ein gepanzertes 122-mm-Selbstfahrgeschütz zur Bekämpfung feindlicher Stellungen und Panzer zu entwickeln. Durch den Erlass Nr. 721 des Volkskommissariats für Panzerindustrie wurde im Werk »Uralmaschsawod« eine Entwicklergruppe unter Lew Gorlizki zusammengestellt.

Die Entwicklung des Fahrzeugs erfolgte in Rekordzeit – bereits am 30. November 1942 wurde ein Prototyp für die interne Werkserprobung vorgestellt. Staatliche Testläufe fanden vom 5. bis 19. Dezember 1942 statt. Kurz davor, am 2. Dezember 1942, hatte die Rote Armee gemäß Beschluss Nr. 4559 des Staatlichen Verteidigungskomitees das Sturmgeschütz bereits unter der Bezeichnung SU-122 übernommen. Die Serienfertigung erfolgte im Werk »Uralmaschsawod«.

Als Grundlage diente das Fahrgestell des Panzerkampfwagens T-34, das einen gepanzerten, rundum geschlossenen Aufbau für die Feldhaubitze M-30 erhielt. Deren Richtbereiche für das direkte und indirekte Richten betrugen 20° nach der Seite und –3° bis +25° nach der Höhe. Eine massive, lang gezogene Blende und Rohraufnahme erstreckte sich bis knapp vor das Fahrgestell. Die getrennt zu ladende Haubitzenmunition umfasste Splitter/-Spreng- und Hohlladungsgranaten. Letztere durchschlugen Entfernungs-unabhängig bis zu 100 mm starken Panzerstahl. Aufgrund des Fahrgestells besaß das Sturmgeschütz SU-122 die gleiche hohe Geländegängigkeit wie der T-34. Es überwand Steigungen bis 35°, bis zu 2,5 m breite Gräben, 73 cm hohe Mauern und durchwatete Gewässer bis 1,3 m Tiefe. Die Funkanlage bestand aus den Funkgeräten 9R oder 10RK und der Bordsprechanlage TPU-Z-BisF. Das SU-122 verfügte über recht zufrieden stellende Kampfeigenschaften, die Feuerfolge war aber aufgrund der Verwendung getrennter Munition nicht allzu hoch. Vom Grundsatz her diente seine Konstruktion als Vorlage für fast alle weiteren

Ein Trio Sturmgeschütze SU-122 im Wintertarnanstrich rollt durch eine russische Stadt.

Schematische Vierseiten-Darstellung des SU-122.

mittleren sowjetischen Sturmgeschütze des 2. Weltkriegs.

Ursprünglich erhielten gemischte Sturmgeschütz-Regimenter das SU-122. Sie setzten sich aus zwei Batterien SU-76 (acht Geschütze) und drei Batterien SU-122 (zwölf Geschütze) zusam-

STURMGESCHÜTZ SU-122	
Gefechtsgewicht, t	30,9
Abmessungen:	
- Länge, mm	6100
- Breite, mm	3000
- Höhe (Wannenaufbau), mm	2235
Besatzung	5 Mann
Bewaffnung	1 x 122 mm Haubitze M-30
Kampfbeladung	40 Granaten und Kartuschen
Panzerung:	
vorn, mm	45
Motortyp	Dieselmotor B-2-34
Leistung, PS	500
Höchstgeschwindigkeit, km/h	55
Fahrbereich, km	150

Die Seitenansicht des SU-122 bringt das Fahrgestell des T-34 und die eingebaute 122-mm-Feldhaubitze M-30 gut zur Geltung.

Fertigung von SU-122 in einem Rüstungswerk. Auf dem Fahrzeug die Aufschrift »Vorwärts zur sowjetischen Ukraine!«

men. Später erhielten diese Regimenter eine einheitliche Ausstattung und gliederten sich in vier Batterien zu je vier Sturmgeschützen SU-122. Der Regimentskommandeur verfügte über einen Panzerkampfwagen T-34.

Fronteinheiten bewerteten das SU-122 sehr positiv: »Die Einsatzerfahrungen erwiesen die Bedeutung des Sturmgeschützes, da keine andere Artilleriegattung eine ähnliche Wirkung in der Begleitung von Infanterie- und Panzerangriffen erzielen konnte.«

FERTIGUNGSZAHLEN STURMGESCHÜTZ SU-122			
Jahr	1942	1943	Insgesamt
Gefertigte SU-122	26	612	638

Sturmgeschütz SU-122.

Sturmgeschütz SU-85

Zur Bekämpfung der neuen deutschen PzKpfw VI »Tiger« beauftragte das Staatliche Verteidigungskomitee mit Beschluss Nr. 3289 vom 5. Mai 1943 die Volkskommissariate für Rüstung und Panzerindustrie, ein Sturmgeschütz mit 85-mm-Kanone auf T-34-Fahrgestell zu entwickeln. Als Grundlage nahmen die Konstrukteure von «Uralmaschsawod« das Modell SU-122. Parallel entwickelten das Werk Nr. 9 und das Artillerie-Hauptamt Varianten der 85-mm-Kanone zum Einbau. Anfang August 1943 gingen zwei Prototypen in die Erprobung: das Modell D-5S mit einer 85-mm-Kanone vom Werk Nr. 9 und das Modell S-18 mit dem Geschütz des Artillerie-Hauptamtes. Das D-5S ging als Sieger hervor und wurde durch Beschluss Nr. 3892 des Staatlichen Verteidigungsausschusses vom 7. August 1943 von der Roten Armee unter der Bezeichnung SU-85 übernommen. »Uralmaschsawod« hatte bereits am 1. August 1943 mit der Serienfertigung begonnen.

Das SU-85 entsprach vom Aufbau her – bis auf die Kanone – dem SU-122: Motor- und Getrieberaum befand sich im Heck, das Geschütz mit Aufbau im vorderen und mittleren Wannenteil. Das Sturmgeschütz konnte nur aus dem Schießhalt feuern und diente hauptsächlich der Bekämpfung gegnerischer Panzerfahrzeuge im direkten Richten. Dank eines Panoramavisiers konnte es jedoch auch artilleristische Feuerunterstützung im indirekten Richten leisten. Die 85-mm-Kanone D-5S ermöglichte wirkungsvolles Feuer gegen mittlere Feindpanzer auf Entfernungen bis knapp über 1000 m. Aus kürzeren Ent-

Eine Kolonne Sturmgeschütze SU-85 rollt im Sommer 1944 über den Leninplatz in Minsk. Das SU-85 auf Fahrgestell des T-34 erhielt die 85-mm-Kanone D5-S.

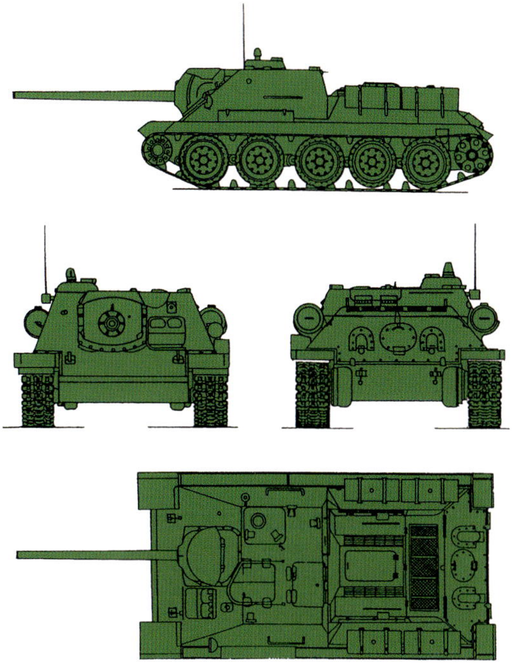

Schematische Vierseiten-Darstellung des SU-85.

Ein SU-85 mit angetretener Besatzung.

fernungen konnte es auch schwere Feindpanzer bekämpfen. Die Funkanlage bestand aus Funkgeräten 9R oder 9RS und einer Bordsprechanlage TPU-3-BisF.

Nach Einführung des Nachfolgemodells SU-100 und Einstellung der Produktion wurden Ende 1943 noch 314 Fahrzeuge der Ausführung SU-85M hergestellt, da für die 100-mm-Kanone des SU-100 noch keine panzerbrechenden Granaten zur Verfügung standen. Das SU-85M stellte einen Mischling aus Wanne und Aufbau des SU-100 und Kanone des SU-85 dar.

Sturmgeschütze SU-85 gehörten zur Ausstattung selbstständiger Sturmgeschützregimenter (16 Fahrzeuge).

FERTIGUNGSZAHLEN STURMGESCHÜTZ SU-85			
Jahr	**1943**	**1944**	**Insgesamt**
Gefertigte SU-85	761	1893	2654

STURMGESCHÜTZ SU-85	
Gefechtsgewicht, t	29,6
Abmessungen:	
- Länge, mm	5920
- Breite, mm	3000
- Höhe (Wannenaufbau), mm	2300
Besatzung	4 Mann
Bewaffnung	1 x 85 mm Kanone D5-S85
Kampfbeladung	48 Granaten 85 mm
Panzerung:	
vorn, mm	45
Motortyp	Dieselmotor W-2-34
Leistung, PS	500
Höchstgeschwindigkeit, km/h	55
Fahrbereich, km	150

Sturmgeschütz SU-85.

Sturmgeschütz SU-100

Anfang November 1943 zeigten Berechnungen der »Uralmaschawod«-Konstrukteure und von Spezialisten der Technischen Abteilung des Volkskommissariats für Rüstung, dass sich die Durchschlagsleistung sowjetischer Sturmgeschütze am einfachsten durch den Übergang auf Kanonen der Kaliber 100–107 mm steigern ließe. Da die Produktion von 107-mm-Kanonen bereits 1941 eingestellt worden war, machten sich mehrere Unternehmen an die Entwicklung einer Waffe auf Grundlage des 100-mm-Marinegeschützes B-34. Als Siegerin des Vergleichstests ging die vom Werk Nr. 9 entwickelte 100-mm-Kanone D-10S hervor. Beschluss Nr. 6131 des Staatlichen Verteidigungskomitees vom 3. Juli 1944 bestimmte ein neues Sturmgeschütz mit dieser Waffe zum SU-85-Nachfolger. Es erhielt die Bezeichnung SU-100 und entsprach im Aufbau dem SU-85. Der kombinierte Fahrer- und Kampfraum mit Waffe, Munition, Funkanlage (9RS oder 9RM plus Bordsprechanlage TPU-Z-BisF) befand sich im vorderen Teile der Wanne. Hier kamen auch Werkzeuge sowie einige Ersatzteile unter. Vorn in der linken Ecke saß der Fahrer; gegenüber befand sich eine rechteckige Luke, in deren Deckel zwei prismatische Sichtgeräte montiert waren. Rechts neben der Waffe saß der Kommandant, hinter dem Fahrer der Richtkanonier und in der hinteren linken Ecke der Ladekanonier. Auf bzw. im Dach befanden sich zwei rechteckige Luken für Ein- und Ausstieg, eine Kommandantenkuppel und zwei Ventilatoren mit Hauben. Die Kuppel verfügte über fünf Beobachtungsschlitze hinter Panzerglas, die Lukendeckel von Kommandant und Richtkanonier über Winkelspiegel MK-IV.

Den Motor-/Getrieberaum im Heck trennte eine Schottwand vom Kampfraum. Der Dieselmotor W-2-34 entwickelte eine Leistung von 520 PS und verlieh dem 31,6 t schweren Fahrzeug eine Straßengeschwindigkeit von bis zu 50 km/h. Weiters lagerten hier die Bremsanlage, das Fünfganggetriebe, zwei Ölluftfilter und die beiden Kraftstoff-

Frontansicht eines SU-100 im Hinterhalt. Die lange 100-mm-Kanone D-10S entstand auf Grundlage des Marinegeschützes B-34. Bei einer Länge von 5608 mm (L/56) verlieh sie den panzerbrechenden Granaten eine Mündungsgeschwindigkeit von 897 m/sec.

STURMGESCHÜTZ SU-100	
Gefechtsgewicht, t	31,6
Abmessungen:	
- Länge, mm	5920
- Breite, mm	3000
- Höhe (Wannenaufbau), mm	2245
Besatzung	4 Mann
Bewaffnung	1 x 100 mm Kanone D-10S
Kampfbeladung	34 Granaten
Panzerung:	
vorn, mm	45
Motortyp	Dieselmotor W-2-34 M
Leistung, PS	520
Höchstgeschwindigkeit, km/h	50
Fahrbereich, km	140

Übernahme von Sturmgeschützen SU-100 im Herstellerwerk »Uralmaschsawod«.

tanks. Die insgesamt 400 l Diesel reichten für 310 km auf der Straße.

Das Sturmgeschütz SU-100 hatte eine für sowjetische Verhältnisse außergewöhnliche Schussleistung. Die 100-mm-Kanone D-10S aus dem Jahr 1944 wies eine Länge von 56 Kalibern (5608 mm) auf und verlieh den panzerbrechenden Granaten eine Mündungsgeschwindigkeit von 897 m/sec bei einer maximalen Mündungsenergie von 6,36 MJ. Die Kanone war mit einem halbautomatischen horizontalen Keilverschluss sowie mechanischer wie elektromagnetischer Zündvorrichtung ausgestattet. Mit der D-10S war es (zumindest vom Prinzip her) möglich, »Tiger« und »Panther« auf bis zu 1500 m Entfernung zu bekämpfen, unabhängig vom Auftreffpunkt der Granate. Der Panzerjäger »Ferdinand« konnte an bestimmten Stellen bis auf 2000 m außer Gefecht gesetzt werden. Denn die panzerbrechenden Granaten konnten auf 2000 m bei Auftreffwinkel 90° noch Panzerungen bis zu 125 mm durchschlagen. Auf 1000 m durchschlugen sie ältere deutsche Panzerkampfwagen-Modelle fast vollständig.

Die Serienproduktion von SU-100 wurde dem Werk »Uralmaschsawod« übertragen. 72 % der Bestandteile nutzten auch der dort produzierte T-34/85, 7,5 % das Sturmgeschütz SU-85 und 4 % das SU-122. Lediglich 16,5 % mussten neu entwickelt werden. Verzögerungen in der Produktion ließen sich auf den Mangel an panzerbrechenden Granaten zurückführen, deren Herstellung man erst im November 1944 in den Griff bekam. In der Zwischenzeit stellte »Uralmaschsawod« das Übergangsmodell SU-85M mit 85-mm-Kanone auf SU-100-Fahrgestell her, wie oben bereits erwähnt.

Das Sturmgeschütz SU-100 wurde hauptsächlich von drei selbstständigen Sturmgeschützbrigaden eingesetzt. Jede Brigade verfügte über eine Sollstärke von 1492 Mann und gliederte sich in drei Regimenter mit insgesamt 65 Sturmgeschützen SU-100 sowie drei SU-76.

FERTIGUNGSZAHLEN STURMGESCHÜTZ SU-100

Jahr	1944	1945	Insgesamt
Gefertigte SU-100	500	850	1350

Sturmgeschütz SU-100.

121

Sturmgeschütz SU-152 /JSU-152

Für den Kampf in bebautem Gelände bestand Bedarf an Sturmgeschützen, deren großkalibrige Kanonen auch Feindstellungen hinter dicken Steinmauern bekämpfen konnten. Die Konstrukteure der Kirow-Fabrik in Tscheljabinsk und des Werks Nr. 100 machten sich ergo daran, eine leistungsstarke Waffe auf das Fahrwerk des Panzerkampfwagens KW-1 zu setzen. Die geplante sowjetische Gegenoffensive bei Stalingrad, das deutsche Truppen bereits zu neun Zehnteln der Stadtfläche erobert hatten, verstärkte die Dringlichkeit der Arbeit. In Stalingrad gab es – wie in jeder größeren Stadt – zahllose Gebäude und Stellungen, die sich ohne Artillerieunterstützung nur sehr schwer einnehmen ließen. Allerdings verfügte die gesamte sowjetische Rohrartillerie nur über Geschütze, die im Pferde- oder Kraftzug bewegt wurden, was ihre Mobilität erheblich einschränkte, vom mangelnden Schutz gegen feindlichen Beschuss ganz abgesehen.

Der Ruf nach einem schweren Sturmgeschütz mit großkalibriger Kanone wurde besonders laut nach dem Auftauchen des deutschen PzKpw VI »Tiger«. Dieser ließ sich im Gefecht frontal nur durch panzerbrechende Granaten zweier sowjetischer Geschütze bezwingen: der 152-mm- Kanonenhaubitze ML-20 und der 122-mm-Kanone A-19. Der offizielle Entwicklungsauftrag eines 152-mm-Sturmgeschützes erging mit Beschluss Nr. 2692 des Staatlichen Verteidigungskomitees vom 4. Januar 1943 an das Werk Nr. 100. Dank der bereits geleisteten Vorarbeit konnte das Werk in der Rekordzeit von nur 25 Tagen einen Prototypen fertigen. Nach kurzer Erprobung nahm die Rote Armee das Modell am 9. Februar 1943 unter der Bezeichnung SU-152 an.

SU-152-Kolonne auf dem Marsch.

Stalin bei der Besichtigung eines schweren Sturmgeschützes SU-152 im Kreml.

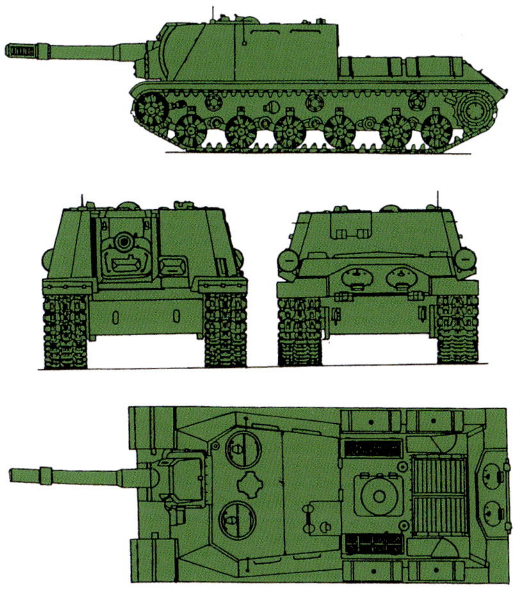

Schematische Vierseiten-Darstellung des SU-152.

Sein Aufbau entsprach, mit Ausnahme des SU-76, den anderen sowjetischen Sturmgeschützen. Das Fahrgestell lieferte der Panzerkampfwagen KW-1S und trug nun im geschützten Aufbau die 152-mm-Haubitze. Diese lagerte mit ihrer getrennten Munition im vorderen Teil mit Fahr- und Kampfraum; im Heck befanden sich Motor und Getriebe. Die Besatzung bestand aus fünf Mann. Links neben der Waffe waren die Plätze für Fahrer, Richtkanonier und Ladekanonier angeordnet. Der Kommandant und ein weiterer Ladekanonier befanden sich rechts der Waffe. Einer der beiden Kraftstofftanks lagerte ebenfalls im Kampfraum, was die Chancen der Besatzung, aus einem getroffenen SU-152 lebendig herauszukommen,

FERTIGUNGSZAHLEN STURMGESCHÜTZE SU-152- UND JSU-152

Jahr	1943	1944	1945	Insgesamt
Gefertigte SU-152	668	2	-	670
Gefertigte JSU-152	35	1340	452	1827

deutlich schmälerte. Wanne und Aufbau wurden aus gewalzten Stahlplatten zusammengeschweißt. Die leicht abgeschrägte Panzerung wies eine Stärke von 20–75 mm auf.

Die über 40 kg schweren Panzergranaten der 152-mm-Haubitze ML-20S M1937 (vgl. Teil 1) waren für alle gegnerischen Panzerkampfwagentypen sehr gefährlich und durchschlugen bis 800 m bei Auftreffwinkel 90° die Frontpanzerungen sämtlicher Typen. Die panzerbrechende Granate konnte mittlere Panzer buchstäblich zerschlagen und auch die Panzerung von »Tiger« und »Panther« bot keinen verlässlichen Schutz.

Schweres Sturmgeschütz SU-152; Ansicht von rechts vorn.

Einbau des Geschützes im Tscheljabinsker Herstellerwerk. Die mächtige 152-mm-Haubitze des SU-152 stellte eine abgeänderte Kanonenhaubitze ML-20 dar, das Fahrgestell stammte vom KW-1S (beim JSU-152 vom JS-1).

Mangelte es an panzerbrechenden Granaten, lud die Besatzung Beton- oder Splittersprenggranaten. Letztere durchdrangen die Panzerung gegnerischer Kampfwagen zwar nicht, zerschmetterten aber je nach Trefferlage Waffen, Visiereinrichtungen, Laufwerk und andere Anlagen. Die Auftreffwucht der Geschosse war so groß, dass sogar Türme aus den Wannen gehoben wurden. In der Schlacht von Kursk im

Deutsche Landser begutachten die Treffer an einem schweren Sturmgeschütz SU-122, das bei Kursk vermutlich von einem »Tiger« abgeschossen wurde.

Sommer 1943 stellte das SU-152 das einzige sowjetische Kampffahrzeug dar, das in Punkto Waffenwirkung mit dem deutschen Panzerjäger »Ferdinand« gleichziehen konnte. Aufgrund seiner Größe, der geringen Geschwindigkeit im Gelände, der langsamen Feuerfolge und einer Kampfbeladung von lediglich 20 Schuss blieb es »Ferdinand«, »Tiger« und »Panther« taktisch und faktisch jedoch unterlegen.

Mit der Serienproduktion des SU-152 wurde das Kirow-Werk in Tscheljabinsk beauftragt. Nach Einstellung der Fertigung des KW-1S stieg das Werk auf Fahrgestelle des Panzerkampfwagens des JS-1 um und das Sturmgeschütz hieß nun JSU-152.

Mit dem SU-152 wurden schwere Sturmgeschützregimenter der Reserve des Oberkommandos ausgestattet. Ein Regiment untergliederte sich in sechs Batterien mit je zwei SU/JSU-152. Nach der Neugliederung 1944 bestand ein Sturmgeschützregiment aus vier Batterien zu je fünf SU/JSU-152 plus dem Fahrzeug des Regimentskommandeurs.

STURMGESCHÜTZ JSU-152	
Gefechtsgewicht, t	46,0
Abmessungen:	
- Länge, mm	6770
- Breite, mm	3070
- Höhe (Wannenaufbau), mm	2480
Besatzung	5 Mann
Bewaffnung	1 x 152,4 mm Haubitze ML-20S
Kampfbeladung	20 Granaten und Kartuschen
Panzerung:	
vorn, mm	90
Motortyp	Dieselmotor W-2IS
Leistung, PS	520
Höchstgeschwindigkeit, km/h	35
Fahrbereich, km	145

Schweres Sturmgeschütz SU-152; Ansicht von links vorn.

Sturmgeschütz JSU-122

Anfang 1944 wurde klar, dass das Volkskommissariat für Rüstung die erforderliche Anzahl an 152-mm-Kanonen ML-20S nicht sicherstellen konnte, was zur Folge hatte, dass im Kirow-Werk ein Überschuss an fertigen Fahrgestellen und Aufbauten für das Sturmgeschütz JSU-152 entstand. Um die Errichtung von schweren Sturmgeschützregimenten nicht zu beeinträchtigen, beschloss das Volkskommissariat für Panzerindustrie, das JSU-152 einstweilen mit 122-mm-Kanonen A-19 der Ausführung ML-20S auszustatten. Die nötigen Vorarbeiten leistete das Konstruktionsbüro des Werkes Nr. 100 unter Josef Kotin im Dezember 1943. Im selben Monat wurde ein Prototyp getestet. Mit Beschluss des Staatlichen Verteidigungskomitees vom 12. März 1944 übernahm die Rote Armee das Sturmgeschütz unter der Bezeichnung SU-122. Die A-19-Kanone verschoss getrennte Munition und erreichte nur eine Feuerfolge von umgerechnet 2,2 Schuss pro Minute. Sobald die neue 122-mm- Panzerkanone D-25 mit halbautomatischem Keilverschluss und einer Schussrate von 3 Schuss pro Minute vorlag, wurde sie durch diese ersetzt. Äußerlich unterschied sich die D-25 durch ihre Mündungsbremse und eine kleinere Blende von der A-19. Fahrzeuge mit der D-25 hießen JSU-122 S. Zur Fliegerabwehr erhielt das JSU-122 ein schweres Fla-MG DSchK. Als Optiken dienten ein ZF und ein Panoramavisier und die Funkanlage bestand aus Funkgeräten 10R oder 10RK sowie der Bordsprechanlage TPU-4-BisF.

Die Serienproduktion von JSU-122 und JSU-122 S lief im Kirow-Werk in Tscheljabinsk.

Mit dem JSU-122 und JSU-122 S wurden schwere Garde-Sturmgeschützregimenter ausgestattete. Ein Regiment zu vier Batterien verfügte

Eine Kolonne schwerer Sturmgeschütze JSU-122 nach Ende der Kämpfe in Berlin 1945.

Ein JSU-122 rollt über eine Pontonbrücke, die sein Gefechtsgewicht von 46 t aushalten musste. Die 122-mm-Kanone D-25 stammte vom JS-2, der sie wiederum vom Feldgeschütz A-19 übernommen hatte. Die Kampfbeladung bestand aus lediglich 20 Granaten plus Kartuschen. Die Bugpanzerung maß 90 mm.

über 21 Sturmgeschütze (einschließlich Kommandeursgeschütz). Im Laufe des Krieges stellte die Rote Armee insgesamt 56 derartige Verbände auf. Am 1. März 1945 wurde als einzige ihrer Art die schwere Garde-Sturmgeschützbrigade Nr. 66 errichtet. Sie gliederte sich in drei Regimenter mit insgesamt 65 JSU-122 und drei SU-76.

FERTIGUNGSZAHLEN STURMGESCHÜTZE JS-122- UND JSU-122 S			
Jahr	1944	1945	Insgesamt
Gefertigte SU-122	945	424	1369
Gefertigte JSU-122 S	225	36	261

STURMGESCHÜTZ JSU-122	
Gefechtsgewicht, t	46,0
Abmessungen:	
- Länge, mm	6770
- Breite, mm	3070
- Höhe (Wannenaufbau), mm	2480
Besatzung	5 Mann
Bewaffnung	1 x 152,4 mm Haubitze ML-20S
Kampfbeladung	20 Granaten und Kartuschen
Panzerung:	
vorn, mm	90
Motortyp	Dieselmotor W-2IS
Leistung, PS	520
Höchstgeschwindigkeit, km/h	35
Fahrbereich, km	145

Schweres Sturmgeschütz JSU-122.

PANZERSPÄHWAGEN

Nach der sowjetischen Klassifikation gepanzerter Fahrzeuge stellt ein Panzerspähwagen ein gepanzertes Radfahrzeug zur Aufklärung, Verfolgung und Überwachung des Gegners, zur Sicherung und Begleitung, Nachrichtenübermittlung und Bekämpfung leichter Feindkräfte dar. Die wesentlichen Entwicklungsrichtungen legte der 1929 verabschiedete »Plan zur Ausstattung der Roten Armee mit Panzerfahrzeugen und Traktoren« fest:

a. **Leichte Panzerspähwagen. Aufklärung, Sicherung, Marschbegleitung und -sicherung als Teil von Aufklärungseinheiten. Bewaffnung zwei Maschinengewehre, eines davon Fla-MG. Keine Panzerung, nur Schutzschild. Höchstgeschwindigkeit auf der Straße 80–100 km/h. Gefechtsgewicht nicht über 1,5 t, Besatzung drei Mann.**
b. **Mittlerer Panzerspähwagen. Spähaufklärung im Zuge von Aufklärungsabteilungen und mechanisierten Einheiten. Bewaffnung zwei Maschinengewehre, eines davon in Drehturm. Panzerung gegen Handwaffenbeschuss auf Schussentfernungen von 150–200 m. Höchstgeschwindigkeit auf der Straße 50 km/h. Gefechtsgewicht nicht über 3,8 t, Besatzung drei Mann.**
c. **Schwerer Panzerspähwagen. Bewaffnete Aufklärung. Bewaffnung eine 37-mm-Kanone, ein MG in Drehturm und ein MG in Fahrtrichtung. Panzerung schützt vor panzerbrechenden (Infanterie-)Geschossen auf Schussentfernungen bis 500 m. Straßenhöchstgeschwindigkeit nicht unter 50 km/h, Gefechtsgewicht nicht über 6 t, Besatzung vier Mann.**

In den 1930er-Jahren entwickelte die UdSSR zahlreiche leichte und mittlere gepanzerte Radfahrzeuge. Sie beruhten in der Regel auf Pkw- und Lkw-Chassis. Die Weiterentwicklung dieser Fahrzeuge führte zum Bau des leichten Panzerspähwagens BA-20 und des mittleren Panzerspähwagens BA-10, mit denen sowjetische Aufklärungseinheiten bis zum Beginn des deutsch-sowjetischen Krieges ausgestattet wurden. Zum 1. Juni 1941 verfügte die Rote Armee über 3345 mittlere Panzerspähwagen (80 % BA-10) und 1897 leichte Panzerspähwagen (75 % BA-20). Um die großen Verluste an gepanzerten Fahrzeugen in den ersten Kriegsmonaten auszugleichen, wurde der leichte und preiswerte Panzerspähwagen BA-64 auf Fahrgestell des Geländewagens GAS-64 entwickelt. Er wurde während des gesamten Krieges hergestellt und diente zur Aufklärung sowie zur Begleitung und Sicherung von Truppen auf Märschen. Der BA-64 ging des Weiteren an separate Panzerabteilungen, Transportverbände und Kradschützenregimenter. Insgesamt entstanden in der UdSSR von 1927 bis 1945 über 15.000 Panzerspähwagen aller Typen.

Leichter Panzerspähwagen BA-20 und seine Besatzung, die während eines Manövers den Himmel nach »feindlichen« Flugzeugen absucht.

Leichter Panzerspähwagen BA-20

Nach dem Start der Serienproduktion des Pkw GAS-M1, der auf Grundlage des amerikanischen Ford 40 entstanden war, erteilte die Direktion für gepanzerte Fahrzeuge der Roten Armee 1936 dem Konstruktionsbüro des Werks »Ischorski sawod« den Auftrag, einen leichten Panzerspähwagen auf M-1-Fahrgestell zu entwickeln. Im Sommer 1936 wurden die im Werk für Brech- und Mahlgeräte der Stadt Wyksa hergestellten Prototypen gestestet und die Rote Armee führte das Modell als Panzerspähwagens BA-20 ein. Der Motor befand sich vorn; Fahrer und Kampfraumbesatzung wurden im mittleren und hinteren Teil des Fahrzeugs untergebracht. Auf dem hinteren Dachteil des Kampfraums saß ein kleiner Drehturm mit 7,62-mm-Maschinengewehr DT in Kugelblende. Die Fahrzeugbesatzung bestand aus

Ein leichter Panzerspähwagen BA-20 hat eine Beobachtungsstellung bezogen und wurde von der Besatzung provisorisch getarnt. Man beachte den zerfledderten Weidenkorb auf dem Turm und den um die Ecke spähenden Muschik.

lediglich zwei Mann, die durch seitliche Panzertüren sowie eine Turmluke ein- und ausstieg. Eine Notausstiegsluke befand sich im Wannenboden. Der Aufbau des Fahrzeuges wurde aus 4–6 mm dicken, leicht geschrägten Panzerstahlplatten zusammengeschweißt. Sie schützen vor Handwaffenbeschuss und leichten Granatsplittern. Die Besatzung beobachtete durch mit Klappen

Schematische Vierseiten-Darstellung des BA-20.

PANZERSPÄHWAGEN BA-20	
Gefechtsgewicht, t	2,3
Abmessungen:	
- Länge, mm	4100
- Breite, mm	1800
- Höhe, mm	2300
Besatzung	2-3 Mann
Bewaffnung	1 x 7,62 mm Maschinengewehr DT
Kampfbeladung	1386 Patronen 7,62 mm
Panzerung:	
Wannenfront, mm	6
Turmfront, mm	6
Motortyp	Ottomotor M-1
Leistung, PS	50
Höchstgeschwindigkeit, km/h	90
Fahrbereich, km	270-350

verschließbare Sehschlitze in der Wanne und im Drehturm; außerdem gab es kleine Sichtluken vorn und hinten sowie in den Türen. Die Funkausstattung bestand aus einem Funkgerät 71-TK-1 mit umlaufender Rahmenantenne, die während der 1938 durchgeführten Modernisierung durch eine Stabantenne ersetzt wurde.

Den BA-20 trieb ein Vierzylinder-Ottomotor M-1 mit 50 PS über die Hinterachse an. Das Fahrzeug bewältigte Steigungen von 12°, 35 cm breite Gräben und bis zu 24 cm hohe Hindernisse. Die verbesserte Ausführung BA-20M erhielt stärkere Frontpanzerung an Wanne und Turm (9 mm), der zylindrische Turm wich einem konischen, und die Stabantenne wanderte auf die linke Wannenseite.

Der Panzerspähwagen BA-20 wurde von 1936 bis 1941 in Serie produziert. 1942 wurden noch einige Wagen aus vorhandenen Bauteilen zusammengeschustert. Bis zum Beginn des deutsch-sowjetischen Krieges belief sich der Ausstoß auf 1557 Fahrzeuge.

Zusätzlich zum Modell BA-20 verfügte die Rote Armee über etwa 636 Panzerspähwagen FAI und FAI-M aus den Jahren 1933–1936, die dem BA-20 sehr ähnelten.

Die deutsche Wehrmacht bezeichnete erbeutete BA-20 als »Panzerspähwagen BA 202 (r)«.

Leichter Panzerspähwagen BA-20.

Leichter Panzerspähwagen BA-64

Die Entwicklung des BA-64 erfolgte von Juli bis Dezember 1941 auf Grundlage des neuen allradgetriebenen Militär-Pkw GAS-64. Die Konstrukteure des Automobilwerks Gorki (GAS) nahmen dabei Anleihen bei sowjetischen Allradfahrzeugen der Vorkriegszeit sowie beim leichten deutschen Panzerspähwagen Sd.Kfz. 221.

Die gepanzerte Wanne des ersten Prototyps lag Ende November 1941 vor; am 9. Januar 1942 begann die firmeninterne Geländeerprobung. Am 14. März 1942 übernahm die Rote Armee das Fahrzeug unter der Bezeichnung BA-64. Bemerkenswerter Weise kam es erst im Mai 1942 zur offiziellen staatlichen Erprobung, was wohl auch mit dem außergewöhnlich harten Winter zu tun hatte. Die Serienproduktion setzte jedoch schon früher ein und im Sommer 1942 nahmen die ersten Panzerspähwagen BA-64 an den Kämpfen bei Woronesch und Brjansk teil. Der Motorraum des Panzerspähwagens BA-64 lag vorn. Die schmale Wanne und der Aufbau wurden aus Panzerblechen zusammengeschweißt; mit seinen abgeschrägten Flächen konnte der BA-64 seine Abstammung vom deutschen Panzerspähwagen Sd.Kfz. 221 nicht verleugnen. Sie erhöhten den Schutz der Besatzung vor Handwaffengeschossen und Granatsplittern beträchtlich. Der Fahrer saß im vorderen Teil des Kampfraums und hinter ihm der Kommandant, der zugleich das 7,62-mm-MG DT im Drehturm bediente. Der Richtbereich erlaubte die Bekämpfung von Boden- und Luftzielen.

Als Antrieb diente ein 50-PS-Ottomotor GAS-MM, der dem 2,4-t-Fahrzeug eine Straßengeschwindigkeit von bis zu 80 km/h verlieh. Dank des Allradantriebs konnte der Wagen auf festem Grund Steigungen bis zu 30° bewältigen, rutschige Hänge bis 18°. 90 cm tiefe Gewässer durchfurtete der BA-64 problemlos. Der leichte Panzerspähwagen kam auch gut im Sand oder in frisch gepflügten Äckern zurecht; das Anfahren

Kolonne fabrikneuer BA-64. Das Chassis stammte vom Pkw GAS 64 und beim Aufbau orientierten sich die Konstrukteure am leichten deutschen Panzerspähwagen Sd.Kfz. 221. Die Bewaffnung bestand aus einem MG DT im oben offenen Drehturm.

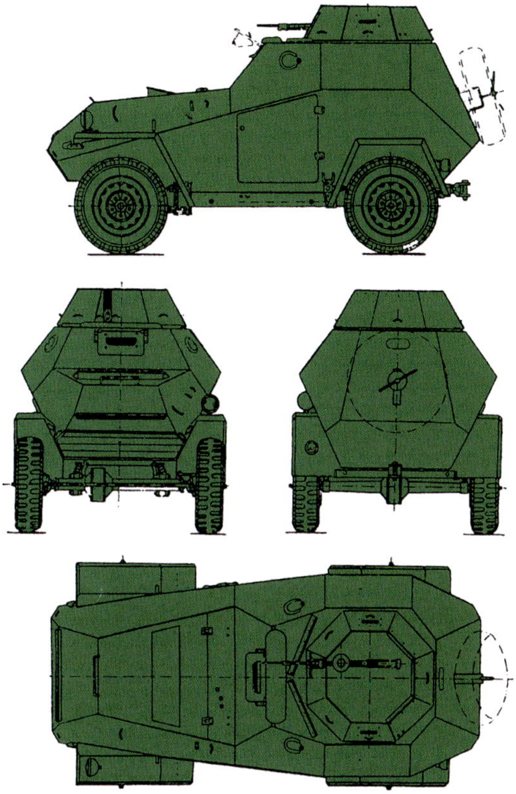

Schematische Vierseiten-Darstellung des BA-64.

Nach der Überwindung eines Wasserlaufs benötigte dieser BA-64 die Hilfe abgesessener Besatzungsmitglieder, um die steile Uferböschung zu erklimmen.

Ein aus drei Fahrzeugen bestehender BA-64-Spähtrupp im winterlichen Russland.

auf schwierigem Untergrund eingeschlossen.

Einer der Hauptnachteile des BA-64 war seine Seitenstabilität, was mit dem relativ geringen Radabstand und dem hohen Schwerpunkt zusammenhing. Die Konstrukteure erkannten bereits in der Werkserprobung im Frühjahr 1942 klar, dass der Wagen eine größere Spurweite benötigte. Jedoch stand ein möglichst früher Produktionseinstieg damals an erster Stelle, weshalb die Behebung des Problems auf einen späteren Zeitpunkt verschoben wurde. Eine Umstellung der Fertigung von GAS-64-Fahrgestellen hätte zu unangemessenen Verzögerungen geführt. Dennoch lief die Umkonstruktion des BA-64 gleich an. Ein Prototyp lag bis Oktober 1942 vor und stand Ende des Monats für Erprobungszwecke bereit. Das modernisierte Fahrzeug ging als BA-64B in die Serienfertigung. Der Hauptunterschied zum Vorgängermodell lag in der auf 1446 mm vergrößerten Spurweite.

PANZERSPÄHWAGEN BA-64	
Gefechtsgewicht, t	2,4
Abmessungen:	
- Länge, mm	3660
- Breite, mm	1690
- Höhe, mm	1900
Besatzung	2 Mann
Bewaffnung	1 x 7,62 mm Maschinengewehr DT
Kampfbeladung	1074 Patronen 7,62 mm
Panzerung:	
Wannenfront, mm	12
Turmfront, mm	12
Motortyp	Ottomotor GAS-MM
Leistung, PS	50
Höchstgeschwindigkeit, km/h	80
Fahrbereich, km	300-500

Später entstanden folgende Ausführungen des BA-64B:

- **BASch-64: Stabsfahrzeug;**
- **BA-64D: mit 12,7-mm-Maschinengewehr DSchK;**
- **BA-64E: Transportfahrzeug für bis zu sechs Infanteristen;**
- **BA-64W und BA-64G: Schienen-Panzerspähwagen;**
- **BA-64Z (BA-64SH): Halbketten-Schneemobil.**

Panzerspähwagen BA-64 gehörten zu Aufklärungseinheiten von Panzerkorps, Panzerbrigaden und motorisierten Schützenbrigaden. Kradschützenregimenter sollten über zehn BA-64, Aufklärungsabteilungen über zwölf BA-64 verfügen.

Leichter Panzerspähwagen BA-64.

FERTIGUNGSZAHLEN PANZERSPÄHWAGEN BA-64 UND BA-64B					
Jahr	**1942**	**1943**	**1944**	**1945**	**Insgesamt**
Gefertigte BA-64 und BA-64B	2486	1820	3000	868	8174

Mittlerer Panzerspähwagen BA-10

In den frühen 1930er-Jahren entstanden in der UdSSR mittlere Panzerspähwagen BAI, BA-3, BA-5 und BA-6 auf Fahrgestell des dreiachsigen Lastkraftwagens GAS-AAA. Die gewonnenen Truppenerfahrungen ließen die Konstrukteure des Werkes »Ischorski sawod« in den modernisierten Panzerspähwagen BA-6M einfließen, den die Rote Armee im April 1937 unter der Bezeichnung BA-10 einführte. Auch der BA-10 erhielt ein modifiziertes Fahrgestell des Lkw GAS-AAA mit verkürztem Rahmen, verstärkter Vorderachse, Vorderradaufhängung und Stoßdämpfern des Pkw GAS-M1. Der Motor lag vorn, unmittelbar dahinter der Raum für Fahrer und Kommandant/MG-Schütze. Ein 7,62-mm-Maschinengewehr DT saß in einer Kugelblende im Vorderteil des Aufbaus, ein weiteres im Drehturm neben der 45-mm-Panzerkanone M1934. Damit stand der Panzerspähwagen B-10 in Sachen Bewaffnung den Panzerkampfwagen T-26 und BT nicht nach.

Die Wanne wurde aus 3–10 mm starken Panzerblechen zusammengeschweißt. Der 50-PS-Motor M1 ermöglichte eine Höchstgeschwindigkeit von 53 km/h. Der Panzerspähwagen hatte gute Fahreigenschaften, überwand Steigungen bis zu 24° und durchwatete Gewässer bis zu 60 cm Tiefe. Zur Verbesserung der Geländegängigkeit ließen sich die Hinterräder mit Ketten des Typs »Overall« versehen. Seitlich angebrachte, frei drehbare Ersatzräder sollten das Aufsetzen im Gelände verhindern und halfen bei der Überwindung von Gräben.

1939 wurde das Modell zum BA-10M aufgerüstet: die Lenkung wurde verbessert, der Kühler bekam einen besseren Schutz und eine neue Funkanlage 71-TK-1 wurde eingebaut. Eine (eher seltene) Schienenversion BA-10schd verfügte über Schienenlaufräder und ein Hubwerk zum

Der mittlere Panzerspähwagen BA-10 beruhte auf dem Dreiachs-Fahrgestell des Lkw GAS-AAA und nahm eine vierköpfige Besatzung auf. Die Bewaffnung bestand aus einer 45-mm-Kanone M1934 und einem MG DT.

BA-10-Panzerspähtrupp und Schützen sind in einem Dorf auf Feind gestoßen.

Umsetzen von der Straße auf die Schiene und umgekehrt.

Zwischen 1938 und August 1941 wurden 3413 Panzerspähwagen BA-10 gebaut. Der Typ galt als bester mittlerer sowjetischer Panzerspähwagen und versah seinen Dienst bei Aufklärungsabteilungen von Panzerbrigaden und Schützendivisionen sowie bei mechanisierten Regimentern der Kavalleriedivisionen. Zudem gab es mittlere Panzerspähwagen älterer Bauart wie BA-3 und BA-6, die über gleichwertige Bewaffnung verfügten. Die Anzahl dieser Fahrzeuge wird auf 554 Stück geschätzt.

Die deutsche Wehrmacht und die Ordnungspolizei setzten erbeutete Panzerspähwagen BA-10 als »Panzerspähwagen BA 10 (r)« bei hinteren Truppenteilen, Sicherungsverbänden und bei der Partisanenbekämpfung ein.

PANZERSPÄHWAGEN BA-10	
Gefechtsgewicht, t	5,1-5,14
Abmessungen:	
- Länge, mm	4655
- Breite, mm	2070
- Höhe, mm	2210
Besatzung	4 Mann
Bewaffnung	1 x 45 mm Kanone M1934
	2 x 7,62 mm Maschinengewehre DT
Kampfbeladung	2079 Patronen 7,62 mm
	49 Granaten 45 mm
Panzerung:	
Wannenfront, mm	10
Turmfront, mm	10
Motortyp	Ottomotor GAS-M1
Leistung, PS	50-52
Höchstgeschwindigkeit, km/h	53
Fahrbereich, km	260-305

Mittlerer Panzerspähwagen BA-10.

Schwerer Panzerspähwagen BA-11

Der 1938 in Dienst gestellte schwere Panzerspähwagen BA-11 war für Aufklärungseinheiten von Panzerbrigaden bestimmt, die mit leichten und mittleren Panzerkampfwagen ausgestattet waren, und sollte des Weiteren Schützen- und Kavallerieverbände in der Aufklärung unterstützen. Die Grundlage bildete das verkürzte Fahrgestell des dreiachsigen Lkw SIS-6, den das Salin-Werk in Moskau produzierte. Der Aufbau des BA-11 entsprach dem mittleren Panzerspähwagen BA-10. Wanne und Aufbau schützen stark geschrägte Panzerplatten, deren Stärke an Wannenfront und Turm 13 mm und an den Seiten 10–13 mm betrug.

Für den Antrieb sorgte ein 90 PS leistender flüssigkeitsgekühlter Sechszylinder-Ottomotor SIS-16. Die Drehkraft des Motors wurde über eine Zweischeibenkupplung, ein Vierganggruppengetriebe, ein Ausgleichs- und Kardangetriebe auf die Hinterachse übertragen. Im Vorderteil befanden sich Fahrer und Funker; Letzterer bediente das 7,62-mm-Panzermaschinengewehr DT in

Schwerer Panzerspähwagen BA-11.

Ein BA-11 kämpft sich über eine schlammige Rollbahn, was ihm aufgrund seines hohen spezifischen Bodendrucks nicht leicht fällt. Der schwere Panzerspähwagen entstand nur in Kleinserie.

Kugelblende in der Frontpanzerplatte. Auf dem Dach des Kampfraums saß ein konischer Rundturm mit 45-mm-Kanone und 7,62-mm-Zwillings-MG DT. Als Richtmittel dienten ein Zielfernrohr TOP und ein Panoramavisier PT-1. Der Panzerspähwagen BA-11 verfügte über gute Fahreigenschaften und bewältigte Steigungen bis 22° sowie bis zu 90 cm breite Gräben. Zur Erhöhung der Geländegängigkeit auf wenig tragfähigem Untergrund ließen sich die Hinterräder mit »Overall«-Ketten bestücken.

Ein wesentlicher Nachteil des BA-11 war das hohe Gefechtsgewicht von rund 8 t und der mit 4,25 kg/cm2 hohe spezifische Bodendruck (beim T-34 waren es nur 0,64 kg/cm2). Außerdem brachte der schwere Panzerspähwagen BA-11 keine wesentlichen Vorteile gegenüber den mittleren Typen B-64 und BA-10. Daher fertigte das Werk »Ischorski sawod« den BA-11 lediglich in einer Kleinserie von 18 Fahrzeugen. Der modifizierte Panzerspähwagen BA-11D mit 98-PS-Dieselmotor SIS-D-7 ging nie in Serie.

PANZERSPÄHWAGEN BA-11	
Gefechtsgewicht, t	8,13
Abmessungen:	
- Länge, mm	5295
- Breite, mm	2390
- Höhe, mm	2490
Besatzung	4 Mann
Bewaffnung	1 x 45 mm Kanone M1934
	2 x 7,62 mm Maschinengewehr DT
Kampfbeladung	114 Granaten 45 mm
	3087 Patronen 7,62 mm
Panzerung:	
Wannenfront, mm	13
Turmfront, mm	13
Motortyp	Ottomotor SIS-16
Leistung, PS	90
Höchstgeschwindigkeit, km/h	64
Fahrbereich, km	178 (Gelände) bis 316

PANZERZÜGE

Panzerzüge stellten gepanzerte und bewaffnete Eisenbahnzüge (Geschütze und Maschinengewehre), die zur Feuerunterstützung und zur Durchführung unabhängiger Kampfaufträge entlang von Schienenwegen bestimmt waren. Nach den »Einsatzvorschriften für Panzertruppen der Roten Armee« hatten die Panzerzüge ihre Aufträge in enger Zusammenarbeit mit Infanterie oder Kavallerie zu erfüllen. Sie sollten möglichst überraschend auf dem Gefechtsfeld erscheinen und mit konzentriertem Feuer den Widerstand des Gegners brechen. Panzerzüge ließen sich sowohl bei Angriffsoperationen als auch in der Verteidigung einsetzen. In einigen Fällen dienten sie zur schnellen Verbringung von Infanterie-Truppenteilen an weit entfernte Frontstellen, etwa zur Verstärkung dortiger Verbände, für handstreichartige Operationen oder für Sondierungsangriffe.

Den Panzerzügen wurden folgende Aufgaben zugewiesen:

a. **Unterstützung von Schützen- und Kavallerieverbänden durch Bekämpfung feindlicher Infanterie, Panzerkampfwagen und Artillerie;**
b. **Operationen im Hinterland und in den Flanken des Gegners;**
c. **Handstreichartige Einnahme von Knotenpunkten und operativ wichtigen Zielen als Vorausabteilung;**
d. **Schutz von Eisenbahnstrecken, -anlagen, -knotenpunkten und Bahnhöfen;**
e. **Begleitung und Sicherung von Zügen und Güterzügen mit wertvollen Gütern;**
f. **Küstenschutz.**

Der Panzerzug hatte in Russland eine lange Tradition, die bis weit in die Zarenzeit zurückreicht. Auch im russischen Bürgerkrieg spielten Panzerzüge eine gewichtige Rolle. In einer Zeit, als es noch kaum Flugzeuge gab oder diesen eine nur untergeordnete Bedeutung zukam, war er das schnellste und am besten bewaffnete Landkampfmittel, das über große Entfernungen hinweg und fast ohne Beeinflussung durch Witterungsverhältnisse operieren konnte – im flächenmäßig größten Land der Erde ein großer Vorteil. Beide Kriegsparteien (»Weiße« und »Rote«) fassten im Bürgerkrieg mehrere Panzerzüge zu Abteilungen zusammen, die Transportzüge mit Infanterie und Kavallerie begleiteten. Im Gefecht lieferten die Panzerzüge Feuerunterstützung für die ausschwärmenden Truppen. Die Bedeutung dieses Kampfmittels bei der Roten Armee lässt sich unschwer an der wachsenden Zahl an Panzerzügen erkennen: sie stieg von 23 im Jahr 1918 auf 59 im Jahr 1919, und am Ende des Bürgerkriegs 1921 hatte sich die Zahl der Panzerzüge mit 103 fast verdoppelt. Danach sank sie auf etwa 40 ab, um 1935 wieder auf 60 bis 70 zu steigen. Vor 1941 wurden die meisten Panzerzüge auf dem Panzerzug-Stützpunkt Brjansk (ca. 380 km südwestlich Moskau) zusammengestellt und aufgerüstet. Zu jedem Panzerzug gehörte ein, meist mit Abstand folgender, Versorgungsteil (bei der Roten Armee als »Kampfteil« und »Basis« bezeichnet). Der Kampfteil als eigentlicher Panzerzug war für den direkten Kampfeinsatz bestimmt. Er bestand aus einer gepanzerten Dampflokomotive, zwei gepanzerten Geschützwagen und zwei bis vier Waggons vorn und hinten, die Reparaturmaterialien (Schienen, Schwellen etc.) transportierten und zum Schutz vor Minen dienten.

Die Besatzung des Kampfteils bestand aus mehreren zugstarken Einheiten, die für die Bedienung der Waffen und für den Betrieb der Schienenfahrzeuge zuständig waren. Ein »Landungskontingent« von bis zu drei Schützenzügen diente für den abgesessenen Kampf. Außerdem unterstand dem Panzerzug eine Anzahl Panzerdraisinen, die unabhängig operierten. Dies waren in der Regel zwei schienengängige leichte Panzerspähwagen BA-20schd und drei mittlere Panzerspähwagen BA-10schd. Ihre vorrangige Aufgabe bestand in der Aufklärung bis zu einer Tiefe von 10–15 km sowie in Sicherungs- und Patrouillenfahrten.

Der Versorgungsteil bestand aus (meist) ungepanzerten Wagen mit Küche, Werkstätten und sogar Clubwagen (für die Freizeitgestaltung). Im Gefecht folgte die Versorgungseinheit dem Panzerzug außerhalb der Reichweite feindlicher Artillerie.

Je nach Bewaffnung unterschied die Rote Armee leichte und schwere Feldpanzerzüge. Die leichten Feldpanzerzüge mit der Bezeichnung BP-35 bestanden aus einer gepanzerten Dampflokomotive PR-35 und zwei gepanzerten Geschützwagen PL-35 oder PL-37 mit zwei 76,2-mm-Kanonen in Drehtürmen. Schwere Panzerzüge erhielten hingegen zwei Geschützwagen PT-35 mit je einer 107-mm-Kanone.

Zum Schutz gegen Luftangriffe enthielt jeder Panzerzug einen gepanzerten Flakwagen SPU-BP. Die taktische Grundeinheit der Panzerzugflotte der Roten Armee bildete die Panzerzugabteilung aus zwei leichten und einem schweren Panzerzug.

Die Sollausstattung einer Panzerzugabteilung bestand aus:

- **3 Panzerzügen**
- **8 Panzerdraisinen BA-20schd**
- **12 Panzerdraisinen BA-10schd**
- **4 absetzbare Draisinen**
- **15 Mittelbordwagen WDT**
- **3 Werkstattwagen DM 3**

Eine Abteilung umfasste 459 Soldaten und Offiziere.

Am 22. Juni 1941 zählte die Rote Armee 53 einsatzfähige Panzerzüge im Bestand (nach anderen Angaben gab es 34 bis 47 leichte und 13 schwere Panzerzüge). Neben der Roten Armee verfügte das Volkskommissariat für Innere Angelegenheiten (NKWD; Geheimdienst) zu Beginn des Krieges über 25 Panzerzüge, 32 Artilleriepanzerwagen, 26 Motorpanzerwagen und sieben Panzerdraisinen.

Während des Krieges wurden Panzerzüge des Typs NKPS-42 (NKPS = Volkskommissariat für Eisenbahnen) gebaut, die den leichten Panzerzügen aus der Vorkriegszeit ähnelten. Die Panzerzüge NKPS-42 wurden später durch Panzerzüge mit vier leichten zweiachsigen Geschützwagen OB-Z oder BL-43 mit 76,2-mm-Kanone im Drehturm ersetzt.

Jeder Panzerzug verfügte über einen gepanzerter Flakwagen PWO-4 mit zwei 37-mm-Kanonen. Insgesamt wurden während des Krieges 143 Panzerzüge gebaut und zusammengestellt. Die Verluste werden auf 89 Panzerzüge geschätzt.

Neben den eigentlichen Panzerzügen verfügte die Rote Armee über Flakpanzerzüge, deren Notwendigkeit sich bereits in den ersten Tagen des Krieges erwies. Zwischen August und September 1941 stellte das 2. Luftabwehrkorps in Leningrad fünf separate Eisenbahn-Flakbatterien zusammen, die zu den ersten Flugabwehr-Panzerzügen des Landes wurden. Die Flugabwehr-Panzerzüge waren hochmobil und verfügten über leistungsfähige Flugabwehrkanonen und Maschinengewehre verschiedener Kaliber.

In Übereinstimmung mit dem Beschluss des Staatlichen Verteidigungsausschusses vom 23. November 1941 genoss der Bau von Flak-Panzerzügen dann Vorrang. Jeder der ersten drei Flugabwehrpanzerzüge verfügte über vier 76,2-mm-Geschütze, zwei 7,62-mm-Drillingsmaschinengewehre und vier einzelne Maxim-MG. Ein Zug umfasste eine gepanzerte Dampflokomotive, sieben Panzerwagen, einen Fahrgastwagen, zwei teilgepanzerte Zweiachswagen sowie einen zweiachsigen Flachwagen.

Etwas später änderte wuchs die Bewaffnung auf drei 76,2-mm-, zwei 25-mm- oder 37-mm- Geschütze sowie drei 12,7-mm-Maschinengewehre DSchK an. Die Anzahl der gepanzerten Artilleriewagen wurde auf sechs reduziert, die Anzahl der teilgepanzerten Wagen auf fünf und die der Flachwagen auf zwei erhöht.

Der Versorgungsteil mit den Ersatzteilen verfügte über leicht gepanzerte zweiachsige Wagen für Besatzung und Munition sowie Flachwagen für Reparatur- und Bergungszwecke.

Vom 18. November 1941 bis zum 1. Januar 1943 wurden 37 Flugabwehrpanzerzüge gebildet, deren Zahl bis zum 12. April 1943 auf 55 Flak-Panzerzüge kletterte. Am Ende des Krieges waren es über 100. Sie wurden hauptsächlich zur Verteidigung von Bahnhöfen und Brücken, zur Begleitung von Zügen o. Ä. eingesetzt. Flugabwehrpanzerzüge erwiesen sich während des Krieges als zuverlässige, hochwirksame und wendige Kampfmittel der Luftabwehr. Unbestreitbar bot der Einsatz von Panzerzügen in den Weiten Russland zahlreiche Vorteile. Ihre Achillesferse bestand in der Gebundenheit an die Schiene – zerstörte Gleise beraubten sie ihrer Beweglichkeit und machten sie zu leichten Zielen für Luftangriffe. Die meisten Verluste an Panzerzügen gingen auf Flugzeuge zurück.

Panzerlokomotive PR-35

Die dampfgetriebene Panzerlokomotive PR-35 wurde Anfang der 1930er-Jahre von den Konstrukteuren des Felddepots Nr. 60 entwickelt. Als Basis diente eine Dampflok der Baureihe Ow. Diese erhielt einen Rahmenaufbau, an den 10–15 mm starke Panzerstahlplatten geschraubt wurden. Im vorderen Teil der vierachsigen Tenderlok befand sich der Führerstand für den Kommandanten des Panzerzuges mit den Apparaturen zur Befehlsübermittlung an die Kommandanten der einzelnen Panzerwagen – Bordtelefonanlage und Lichtanlage. Letztere arbeitete mit Lämpchen und übertrug vier Meldungen/Befehle: »Klar zum Gefecht«, »Gasangriff«, »Luftangriff« und »Rückzug«. Der Kommandant des Panzerzuges nutzte zur Befehlsübermittlung des Weiteren ein Megaphon, dessen Wert im Gefechtslärm aber fragwürdig erscheint. Die externe Kommunikation stellten Funkgeräte 61 BK oder 71 TK-1 sicher.

Zur Gefechtsfeldbeobachtung dienten fünf Beobachtungsschlitze und eine Doppelluke an den Seiten des Führerstandes. Eine weitere Luke befand sich im Dach.

Die Lok-Besatzung benutzte zum Fahren zwei Seitenfenster, die vor dem Gefecht mit Panzerklappen geschlossen wurden. In der vorderen Panzerplatte befanden sich zwei Luken mit Beobachtungsschlitzen. Im Führerstand befand sich des Weiteren ein vom Dampfkessel angetriebener Generator. Dieser erzeugte laufend Strom mit einer Gleichspannung von 110 Volt.

Spätere Panzerloks erhielten einen Drehturm mit Zwillings-MG Typ Maxim zur Fliegerabwehr. Zudem wurden diese Panzerlokomotiven und -züge auch zur Umstellung auf die europäische Schienenbreite vorbereitet (die Spurweite in Europa beträgt 1435 mm, in Russland und der UdSSR 1530 mm).

PANZERDAMPFLOKOMOTIVE PR-35	
Ausgangsmodell	4-Achs-Dampflokomotive Ow + 4-Achs-Tender
Bewaffnung	2 x 7,62 mm Maschinengewehr Maxim
Panzerung	10-15 mm
Gewicht	129,5 t
Fahrbereich:	
mit allen Vorräten	90-110 km
Besatzung	17 Mann

Panzerlokomotive PR-35 vor einem Panzerzug, der – nach dem Soldaten im Vordergrund und den fehlenden aufgemalten Parolen zu urteilen – seinen Dienst nun als Beutezug mit deutscher Besatzung versieht.

Gepanzerter Geschützwagen PL-35

Der Gepanzerte Geschützwagen PL-35 bildete vor 1941 die Grundlage der leichten Panzerzüge der Roten Armee. Die Konstrukteure des Felddepots Nr. 60 bauten den Panzerwagen auf einem vierachsigen 50-t-Wagen auf. Ende 1934 wurde das Projekt der Brjansker Lokomotivfabrik »Rote Profintern« zur Vorbereitung der Serienproduktion übertragen. Die Artilleriebewaffnung des PL-35 kam in zwei Drehtürmen an den beiden Enden des Wagens unter. Diese Türme wurden aus 15 mm starken Stahlblechen zusammengeschweißt und wiesen die Form eines Zwanzigecks auf. Jeder Turm nahm eine 76,2-mm-Kanone M1902/1930 mit Kaliberlänge 40 auf.

Außerdem verfügte der gesamte Panzerzug über zwölf Maxim-Maschinengewehre 7,62 mm an den Seiten (vier je Wagen) und weitere als Fla-MG auf den Geschütztürmen (zwei je Wagen). Die Kugellafetten ermöglichten einen größeren Richtbereich als bisherige und erlaubten sogar das Bestreichen des toten Winkels unmittelbar vor den Wagen.

Der seitliche Panzerschutz bestand außen aus 15-mm-Panzerstahlplatten und innen aus 12-mm-Platten aus konventionellem Stahl. Dazwischen befand sich ein Hohlraum, der manchmal mit Beton ausgegossen wurde.

Anfang 1938 lief im Lokomotivwerk »Rote Profintern« die Produktion modifizierter Geschützwagen PL-37 mit 20-mm-Panzerstahlblechen an. Die 76,2-mm-Kanonen M1910/1930 verfügten jetzt über einen Höhenrichtbereich von 37° und ließen sich damit auch zur Fliegerabwehr (Sperrfeuer) einsetzen. Gleichzeitig erhielten die Geschütze eine Fußabfeuerung, die das Schießen vereinfachte.

Um die Verluste der ersten Kriegsmonate

Diese Aufnahme eines sowjetischen Panzerzuges mit Geschützwagen PL-35 sowie auf Schienen gesetzter leichter Panzerspähwagen entstand wahrscheinlich Oktober 1939 in Polen, denn im Vordergrund haben sich deutsche und sowjetische Offiziere friedlich ins gemeinsame Kartenstudium vertieft.

Gepanzerter Geschützwagen PL-35.

auszugleichen, wurden die so genannten »nach Initiative produzierten« Panzerzüge gebaut. Woher der Name? Diese Panzerzüge wurden auf Initiative von Parteiorganisationen, Industriewerken und verschiedenen Truppenteilen gebaut. Als Grundlage dienten Zeichnungen, die das Lokomotivreparaturwerk des Volkskommissariats für Eisenbahnen (NKPS) entwickelt hatte. Diese Panzerzüge, von denen etwa 20 entstanden, wurden später NKPS-42 getauft. Die Konstruktion der gepanzerten Geschützwagen entsprach dem Modell PL-35, sie waren aber einfacher herzustellen und erhielten einen besseren Panzerschutz. Der Bau der »Initiativ-Panzerzüge« musste oft ohne ausreichende technische Grundlagen und unter Verwendung örtlich verfügbarer Materialien und Waffen improvisiert werden. Einige mussten sogar vollständig auf Panzerstahl verzichten, an dessen Stelle paarweise angeordnete Stahlplatten traten, deren Zwischenräume mit Zement oder Mörtel ausgegossen wurden. Bei Reparaturen ersetzte man die Provisorien durch Panzerstahlbleche, sofern verfügbar. Die technische Ausstattung und Elektrik stammte aus zivilen Depots und Fabriken. Generell war die Materialbeschaffung auf lokale Ressourcen angewiesen.

Zu dieser Zeit konnte die Hauptartillerieverwaltung der Roten Armee für Panzerzüge nur Geschütze alter in- und ausländischer Modelle zur Verfügung stellen: 76,2-mm-Kanonen der Baumuster 1902, 1927 und 1927/32 sowie 76,2-mm-Flakgeschütze M1914 und 76,2-mm-Panzerkanonen L-10. Außerdem fanden französische 75-mm-Kanonen, polnische Geschütze sowie eine kleine Anzahl 76,2-mm-Feldkanonen F-22 Verwendung

GEPANZERTER GESCHÜTZWAGEN PL-35	
Ausgangsmodell	vierachsiger 50-t-Wagen
Bewaffnung	2 x 76,2 mm Kanone M902, 6 x 7,62 mm Maschinengewehr Maxim
Kampfbeladung	560 Granaten 76,2 mm 30.000 Patronen 7,62 mm
Panzerung	15 mm
Gewicht	69 t
Besatzung	30 Mann

Geschützwagen PL-35 eines Panzerzuges. Gut zu erkennen die beiden Geschütztürme und die seitlichen MG-Scharten.

Gepanzerter Geschützwagen PT-35

Zu jedem schweren Panzerzug der Roten Armee gehörten zwei Geschützwagen PT-35 (PT steht im Russischen für »schwere Plattform«) mit starker Geschütz- und MG-Bewaffnung. Die Ausstattung mit 107-mm-Kanonen erweitere die Schussweite und ermöglichte die Bekämpfung feindlicher Artillerie auch in entfernteren Stellungen. Die Hauptaufgabe der schweren Panzerzüge bestand jedoch – wie bei den leichten Panzerzügen – in der unmittelbaren Feuerunterstützung von Infanterie und Kavallerie. Außerdem sollten sie mit ihrer höheren Schussweite die leichten Panzerzüge im Gefecht decken.

Der Gepanzerte Geschützwagen PT-35 wurde Ende 1930 vom Felddepot Nr. 60 entwickelt. Anfang 1931 wurde das Projekt von den Leitern der Abteilung Mechanisierung und Motorisierung der Roten Armee überprüft, woraufhin die Serienfertigung in den Werkstätten des Depots anlaufen konnte. Der Aufbau des PT-35 entsprach weitgehend dem leichten PL-35, und wie bei diesem diente ein 50-t-Wagen als Grundlage. An einem

Der gepanzerte Geschützwagen PT-35 verfügte über eine weitreichende 107-mm-Kanone M1910.

Gepanzerter Geschützwagen PT-35.

Ende befand sich ein zylindrischer Drehturm mit 107-mm-Geschütz M1910 und einem Maxim-MG. Vier weitere Maschinengewehre wurden in den Seiten untergebracht. Die Munition wurde in speziellen Lagerungen verstaut.

Der Platz des Kommandanten befand sich in einem Leitstand mit Beobachtungs- und Feuerleitmitteln auf dem Dach; die Feuerbefehle für die einzelnen Waffen erfolgten durch Fernsprecher. Die Besatzung stieg über zwei Seitentüren ein und aus; notfalls über eine Notausstiegsluke im Boden.

Insgesamt wurden 27 schwere Geschützwagen PT-35 gebaut.

GEPANZERTER GESCHÜTZWAGEN PL-35	
Ausgangsmodell	vierachsiger 50-t-Wagen
Bewaffnung	1 x 107 mm Kanone M1910,
	5 x 7,62 mm Maschinengewehr Maxim
Kampfbeladung	168 Granaten 107 mm
	25.000 Patronen 7,62 mm
Panzerung	16-23 mm
Gewicht	60 t
Besatzung	12 Mann

Panzerzug OB-3

Im Oktober 1941 befasste sich das Staatliche Verteidigungskomitee verstärkt mit dem Bau von Panzerzügen. Auf der Grundlage des Beschlusses Nr. 490-ss erließ das Volkskommissariat für Verteidigung die Richtlinie Nr. 22-ss vom 29. Oktober 1941:

»An den Leiter Hauptabteilung Panzerzüge der Roten Armee.

Zur Umsetzung des Beschlusses des Staatlichen Verteidigungskomitees ergeht folgender Befehl:

1. **Aufstellung von 32 Panzerzugabteilungen zu je zwei Panzerzügen.**
2. **Folgende Fristen für die zu bildenden Panzerzugabteilungen sind einzuhalten: Errichtung von 3 Abteilungen mit 7 Panzerzügen im Oktober 1941 im Moskauer Militärbezirk; Errichtung von 29 Divisionen mit 58 Panzerzügen bis November und Dezember 1941.**«

Es war schlicht nicht möglich, eine solche Zahl von Panzerzügen in so kurzer Zeit zu bauen. Darüber hinaus zeigten die Erfahrungen der ersten Kriegsmonate, dass die Typen BP-35 und NKPS-42 mit zwei vierachsigen Wagen eine Reihe von erheblichen Mängeln aufwiesen. Erstens waren die Wagen zu sperrig, zu schwer und zu hoch, was sie zu großen, gut erkennbaren Zielen machte. Zweitens war die Panzerung zu schwach: Bei wirksamen Treffern fiel gleich die Hälfte der Waffen aus. Aus diesem Grund wurde beschlossen, Panzerzüge mit zweiachsigen Wagen zu bauen. Dazu lagen aber weder Zeichnungen noch technische Spezifikationen vor. Deshalb wurde eine Gruppe von Konstrukteuren zusammengestellt, die in kürzester Zeit den Panzerzug OB-3 mit leichten zweiachsigen Wagen entwickelte. Unter dem herrschenden Zeitdruck war es unmöglich, die Zeichnungen bis ins kleinste Detail auszuarbeiten. Nachdem die Entscheidung für die Konstruktion von Aufbau und Türmen gefallen war, wurden perspektivische Ansichten des Panzerzuges und die wichtigsten Messparameter zum Ausschneiden von Panzerplatten per Fototelegramm an die Fabriken übertragen. Später, sobald fertig, wurden weitere Ansichts- und Fertigungszeichnungen sowie Pläne für Ausstattung und Bewaffnung verschickt. Die Herstellung der Panzerzüge OB-3 erfolgte parallel in neun NKPS-Werken und 43 Lokomotivdepots.

Die Geschützwagen eines Panzerzugs OB-3 waren in der Regel mit je einer 7,62-mm-Kanone M1902/1930 und fünf 7,62-mm-Maxim-MG bewaffnet; es gab jedoch auch andere Ausführungen.

Erbeuteter Panzerzug OB-3 mit ungarischer Besatzung.

Eine Panzerlokomotive wurde auf Grundlage der Dampflokomotive Ow entwickelt. Die Stärke der Panzerung betrug 30 bis 50 mm. Die Lokomotive wurde mit einem Führerstand für den Kommandanten ausgestattet, in dem sich alle Geräte zur Gefechtsfeldbeobachtung und für die interne wie externe Kommunikation befanden. Der Tender erhielt einen Turm mit Fla-Maschinengewehren.

Die Geschützwagen wurden auf zweiachsigen 20-t-Flachwagen aufgebaut. Panzerplatten von 30– 80 mm Stärke wurden an ein Gerüst aus U-Trägern genietet. Um die Widerstandsfähigkeit gegen Geschosse zu erhöhen, wurden die Platten mit einem Neigungswinkel von bis zu 30° angebracht.

Die Hauptbewaffnung – in der Regel 76,2-mm-Geschütze – kam in Drehtürmen unter. An den Seiten wurden Maxim-MG installiert. Die Besatzung eines Geschützwagens bestand aus 12 Soldaten plus Kommandant.

Ein Panzerzug OB-3 setzte sich aus vier Geschützwagen, einer Panzerdampflokomotive und zwei bis vier Sicherheits- und Flakwagen zusammen.

Insgesamt wurden bis zum 1. November 1942 nach Richtlinie Nr. 22-ss des Volkskommissariates für Verteidigung 85 Panzerzüge gebaut, davon 55 vom Typ OB-3, 17 vom Typ NKPS-42, weitere Züge waren Sonderanfertigungen.

PANZERZUG OB-3	
Ausgangsmodell	zweiachsiger 20-t-Flachwagen
Bewaffnung	1 x 76,2 mm Kanone M1902/1930,
	5 x 7,62 mm Maschinengewehr Maxim
Kampfbeladung	180 Granaten 76,2 mm
	6300 Patronen 7,62 mm
Panzerung	bis zu 30 mm

Von deutschen Flugzeugen außer Gefecht gesetzter Panzerzug OB-3.

Geschützwagen OB-3.

Geschützwagen OB-3 mit zwei T-26-Türmen.

Panzerzug BP-43

Aufgrund schwerer Verluste von Panzerzügen (1942 wurden 42 zerstört), ließ die Hauptverwaltung für Panzerfahrzeuge im Februar 1942 einen Panzerzug mit verstärkter Panzerung sowie T-34-Türmen mit 76,2-mm-Kanone F-34 bauen. Der Entwicklungsauftrag ging an die Staatliche Technische Bauman-Universität in Moskau. Anfang Juli 1942 lag der Entwurf des neuen Panzerzuges mit der Bezeichnung BP-43 vor.

Er setzte sich aus einer Panzerdampflokomotive PR-43, vier Geschützwagen PL-43, einem Geschützwagen PWO-4 und vier Sicherheitswagen zusammen. Die Länge des Zuges ohne Sicherheitswagen betrug 70 m, mit ihnen 112 m.

Der Geschützwagen PL-43 war auf einem zweiachsigen 20-t-Flachwagen aufgebaut. In der Mitte befand sich der Aufbau mit in starken Schrägungen angebrachten 45-mm-Panzerplatten. Die Panzerstärke am Dach betrug 20 mm. Das Dach trug einen T-34-Gussturm mit 76,2-mm-Kanone F-34 und 7,62-mm-Maschinengewehr DT. Zwei weitere DT-MG lagerten in den Seiten des Aufbaus.

Am 25. Juli 1942 verpflichtete Beschluss Nr. 2095-ss des Staatlichen Verteidigungskomitees die Unternehmen der Volkskommissariate für Panzerindustrie und für Eisenbahnbau zur Fertigung von 20 Panzerzügen BP-43. Die Panzerungen sollten die Werke des Volkskommissariats für Panzerbau bereitstellen. Die Drehtürme stammten von irreparabel beschädigten T-34 aus Reparaturwerken der Hauptverwaltung für Panzerfahrzeuge. Der Beschluss wurde so nicht umgesetzt: 1942 entstanden lediglich zwei Panzerzüge BP-43. Der »Schwarze Peter« ging an die Werke des Volkskommissariats für Panzerbau, welche die

Panzerzug BP-43 mit Geschützwagen PL-43, wie am Aufbau und den T-34-Türmen zu erkennen.

Nach einem Halt besetzen die Besatzungen von Geschützwagen PL-43 alarmmäßig ihre Stationen.

erforderlichen Panzerungen für weitere Züge nicht liefern konnten. Der Beschluss Nr. 2801-ss des Staatlichen Verteidigungskomitees vom 30. Januar 1943 legte eine neue Frist für den Bau der restlichen 18 Panzerzüge fest: erstes Quartal 1943. Von 1942 bis 1944 entstanden also 21 Panzerzüge BP-43 (einer 1944 in Taschkent überplanmäßig). 1944 wurde die Herstellung des Typs eingestellt, da der Bedarf vollständig gedeckt war und es keine Ausfälle gegeben hatte. Im Vergleich mit anderen sowjetischen Modellen schnitt der Panzerzug BP-43 in jeder Hinsicht am besten ab. Zusammengefasst die Vorteile des Panzerzuges BP-43:

- **-Starke Bewaffnung (76-mm-Geschütze F-34 und 37-mm-Flugabwehrgeschütze);**
- **Verstärkter Panzerschutz;**
- **Geringe Treff-Fläche der Geschützwagen;**
- **Geringes Gewicht der Wagen, was ihr Heben im Falle einer Entgleisung erleichterte;**
- **Bedienfreundliche und robuste Innenausstattung;**
- **Verlässliche Geräte für interne und externe Kommunikation;**
- **Ausreichender Fla-Schutz (zwei 37-mm-Geschütze und ein 12,7-mm-MG).**

PANZERZUG BL-43	
Ausgangsmodell	zweiachsiger 20-t-Flachwagen
Bewaffnung	1 x 76,2 mm Kanone F-34 in T-34-Turm,
	3 x 7,62 mm Maschinengewehr Maxim
Kampfbeladung	168 Granaten 76,2 mm
	4536 Patronen 7,62 mm
Panzerung	45 mm

Geschützwagen PL-43.

Flak-Panzerwagen SPU-BP

Zur Fliegerabwehr setzte man Anfang der 1930er-Jahre gepanzerte Türme mit Maxim-Zwillingsmaschinengewehren auf Panzerwagen. Mitte der 1930er-Jahre wurde die Fliegerabwehr der Panzerzüge durch den Flak-Panzerwagen SPU-BP (SPU-BP = Spezielle Maschinengewehranlage für Panzerzüge) verbessert. Der SPU-BP entstand auf Grundlage eines zweiachsigen 20-t-Flachwagens. Den sechskantigen Aufbau schützten 20-mm-Panzerstahlplatten. Er verfügte über ein Schiebedach, eine Seitentür zum Ein- und Aussteigen sowie über eine Notausstiegsluke im Boden. Die Bewaffnung bestand aus dem 7,62-mm-Maxim-MG in Vierlingslafette M4. Ein Maxim-Maschinengewehr hatte eine theoretische Feuergeschwindigkeit von 600 S/min – multipliziert mit 4 entsprach dies beim M4 einer Kadenz von 2400 S/min; ideal zur Bekämpfung von Flugzielen und Tieffliegern. Dank der steten Wasserkühlung und der langen Gurte konnte der Vierling im Prinzip ohne Unterbrechung auf Deibel-komm-raus feuern; jedenfalls so lang Wasser und Munition nicht zur Neigung gingen oder eine Störung auftrat. Zudem verfügte der Vierling über einfache Bedienelemente und ein zweckmäßiges Fla-Visier, was eine rasche Zielerfassung und –verfolgung erlaubte. Pläne sahen vor, jeden Panzerzug mit einem Flakwagen SPU-BP auszustatten. Bis zum Beginn des deutsch-sowjetischen Krieges waren jedoch lediglich 28 SPU-BP gebaut worden – ergo ließen sich nur etwa 60 % der Panzerzüge damit versehen.

In den frühen 1940er-Jahren begannen die Luftwaffen vieler Streitkräfte, ihre Schlachtflugzeuge mit Panzerungen auszustatten, die Motor und Besatzung vor 7,62-mm-Geschossen schützten.

FLAK-PANZERWAGEN SPU-BP	
Ausgangsmodell	zweiachsiger 20-t-Flachwagen
Bewaffnung	7,62 mm MG-Vierling M4
Kampfbeladung	ca. 100.100 Patronen 7,62 mm
Panzerung	20 mm
Gewicht	12 t
Besatzung	3 Mann

Der Maxim-Fla-Vierling M1931 (M4) des Flak-Panzerwagens SPU-BP brachte es zwar auf eine hohe Schussfolge, die Wirkung der 7,62-mm-Geschosse erwies sich gegen gepanzerte Feindflugzeuge aber als zu gering.→

Flak-Panzerwagen PWO-4 mit zwei 25-mm-Flak M1940 (72-K). Man beachte den kastenartigen, oben offenen Aufbau.

Damit war der Hauptvorteil des SPU-BP praktisch dahin. In Folge wurden immer mehr Panzerzüge durch Luftangriffe zerstört (wobei deutsche Stuka vor allem mit Bomben arbeiteten, mit denen sie in der Regel zuerst die Gleise belegten und den Panzerzügen so ihre Beweglichkeit nahmen).

Die Lage entspannte sich nach Einführung des Flak-Panzerwagens PWO-4 wieder etwas. Auch er war auf einem zweiachsigen Flachwagen aufgebaut, verfügte jedoch über zwei Panzerkästen mit je einer 25-mm- oder 37-mm-Flak. Einige Wagen erhielten auch 20-mm- Kanonen des Typs SchWAK und Oerlikon oder 12,7-mm-Maschinengewehre DSchK. Insgesamt wurden etwa 120 Flak-Panzerwagen PWO-4 hergestellt.

Flak-Panzerwagen SPU-BP.

Schienenpanzerwagen MBW

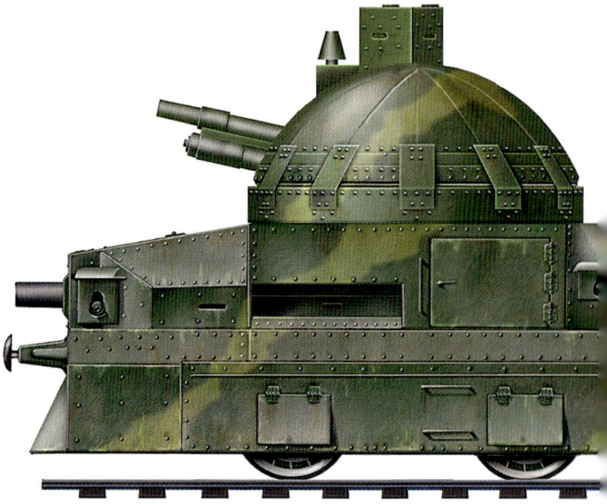

In den Jahren 1936 und 1937 entwickelte das Sonderkonstruktionsbüro Nr. 2 des Kirow-Werks in Leningrad den von einem Verbrennungsmotor angetriebenen Schienenpanzerwagen MBW. Besonderes Augenmerk legte das Kirow-Werk seinerzeit auf die Sicherstellung der Serienproduktion des mittleren Panzerkampfwagen T-28. Daher scheint es kaum verwunderlich, dass der Schienenpanzerwagen in Form und Schrägungen eher einem Panzerkampfwagen als einem Schienenfahrzeug ähnelte. Diese Ähnlichkeit verstärkte die Verwendung von T-28-Türmen sowie anderer Komponenten dieses Panzers. Sowjetische Konstrukteure hatten zudem mit dem Schienenpanzerwagen »Saamurez« ein recht erfolgreiches Vorbild vor Augen, der 1916 für die Eisenbahntruppen der Zarenarmee gebaut worden war. Der auf einem vierachsigen Waggon aufgebaute »Saamurez« verfügte über eine starke Bewaffnung.

Der Schienenpanzerwagen MBW nahm einen fünfachsigen Waggon mit vorderer Zwillingsachse und Dreiachsgestell mit kombinierter Federung zur Grundlage. Er erhielt einen Panzerschutz aus geschweißten Panzerplatten aus Walzstahl. Die 16–20 mm dicken Seitenplatten wurden im Neigungswinkel von 10° angebracht und boten Schutz vor Infanteriewaffen und Granatsplittern.

Der Innenbereich teilte sich in mehrere Räume auf. Im mittleren Teil befand sich der Führerstand und auf den Kampfräumen wurden Geschütztürme angebracht. Im hinteren Teil lag der Triebwerkraum. Zwischen ihm und dem Kampfraum des dritten Geschützturmes befand sich der

Der Schienenpanzerwagen MBW beruhte auf einem fünfachsigen Spezialwaggon und verfügte mit drei 76,2-mm-Geschützen, zwölf Einzel-MG und einem MG-Vierling über eine starke Bewaffnung.

Schienenpanzerwagen »Saamurez«.

Transmissionsraum. Der Zugang zum Panzerwagen erfolgte durch drei Türen und eine Bodenluke. Außerdem verfügte jeder Turm über Dachluken mit gepanzerten Klappen.

Den Antrieb stellte der aus dem Panzerbau stammende Ottomotor M-17T mit 500 PS. Die Kraft des Motors wurde über die Hauptreibkupplung und das Fünfganggetriebe auf die Zwillingsachse übertragen. Bei einem Gewicht von etwa 80 t erreichte der MBW Geschwindigkeiten von bis zu 120 km/h. Die Hauptbewaffnung bestand aus drei 76,2-mm-Turmkanonen. Die Drehtürme schwenkten mit elektrischem Antrieb, ließen sich notfalls aber auch manuell bewegen. Das Richten nach der Höhe erfolgte ausschließlich per Hand; der Höhenrichtbereich betrug −5° bis +25 Grad. Als Zieloptik diente ein Zielfernrohr TOD und ein Panzerperiskop PT-1 zur Gefechtsfeldbeobachtung. Rechts der Kanone war ein Koaxial-MG 7,62 mm angebracht; im Heck des zweiten und dritten Turms befand sich zusätzlich ein Maschinengewehr in Kugelblende. Ein weiteres Heck-MG DT saß im Heck des Aufbaus und durch die Seitenscharten feuerten vier Maxim-MG 7,62 mm. Zur Fliegerabwehr erhielt der MBW den Fla-Vierling 4M sowie Fla-MG DT auf dem zweiten und dritten Turm. Die Funkausstattung bestand aus einem Panzerfunkgerät 71-TK-1 und zur internen Bordverständigung diente eine Fernsprechanlage mit sechs Anschlüssen.

Die Konstruktion des motorgetriebenen Schienenpanzerwagens war zu seiner Zeit recht fortschrittlich. In Bewaffnung, Panzerschutz und Geschwindigkeit übertraf er die leichten Panzerzüge der Vorkriegszeit. In Leningrad wurden vor 1941 und im Laufe der ersten Kriegsmonate zwei weitere MBW gebaut und bei der Belagerung der Stadt eingesetzt.

SCHIENENPANZERWAGEN MBW	
Ausgangsmodell	fünfachsiger Spezialwagen
Bewaffnung	3 x 76,2 mm Kanone
	8 x 7,62 mm Maschinengewehr DT
	4 x 7,62 mm Maschinengewehr Maxim
	1 x 7,62 mm MG-Vierling 4M
Kampfbeladung	1365 Granaten 76,2 mm
	32.962 Patronen 7,62 mm
Panzerung	
Seiten, mm	16-20
Dach, mm	10
Aufbau, mm	20
Turm, mm	20

PKW, LKW UND ARTILLERIESCHLEPPER

Der Aufbau der sowjetischen Auto- und Traktorenindustrie sowie verwandter Zweige in den 1930er-Jahren ermöglichte eine umfassende Mechanisierung und Motorisierung der Roten Armee. Dies sollte jedoch nicht darüber hinwegtäuschen, dass 1941 – wie im Übrigen auch bei den deutschen Streitkräften – die Masse der leichten und mittleren Feldartillerie noch immer bespannt war. Ihre Motorisierung während des Krieges verdankte die sowjetische Artillerie vor allem den umfassenden Lkw-Hilfslieferungen aus den USA (siehe Teil 1). Nichtsdestoweniger wirkte sich die Motorisierung und Mechanisierung der 1930er-Jahre tiefgreifend auf die Gliederung und Beweglichkeit der Roten Armee aus. Zu Beginn des deutsch-sowjetischen Krieges verfügte sie über 272.600 motorgetriebene Fahrzeuge aller Art sowie eine große Zahl gepanzerter Fahrzeuge, Artillerieschlepper und Spezialfahrzeuge.

Der Rad-Fuhrpark der Roten Armee bestand hauptsächlich aus Pkw GAS-Ml, GAS-61 sowie Lkw GAS-AA, GAS-AA, GAS-MM, SIS-5 und SIS-6 (GAS = *Gorkowski Awtomobilny Sawod*, Automobilwerk Gorki; SIS = *Sawod Imeni Stalina;* Stalinwerk). Eine kleine Anzahl von Lastkraftwagen sowie Sanitäts- und Stabsbusse stellte das Automobilwerk Jaroslawl her, rund 280 km nordöstlich Moskau. 1941 befand sich der größte Teil der Pkw und Lkw in den motorisierten Versorgungsabteilungen der Panzer-, Schützen und motorisierten Schützendivisionen. Beispielweise verfügte eine Schützendivision sollmäßig über 558 Radfahrzeuge. Darüber hinaus gab es besondere Transporttruppenteile: 19 Regimenter, 38 selbstständige Abteilungen sowie mehrere Kompanien mit zusammen 27.000 Lkw.

Nach Kriegsbeginn wurden die Verluste an Kraftfahrzeugen ausschließlich durch die Mobilisierung von Fahrzeugen aus der Volkswirtschaft und der laufenden Produktion ausgeglichen (und später durch Lend-Lease-Lieferungen). Die Automobilwerke gingen während des Krieges zur Produktion von vereinfachten Varianten der Modelle GAS-MM, GAS-AAA, SIS-5W und SIS-6 über. Wegen des Mangels an Artillerieschleppern wurde im September 1942 die Produktion von Halbkettenfahrzeugen SIS-42 aufgenommen. Ebenso lief die Fertigung des Geländewagens (»Kommandantenwagen«) GAS-64 an, den jedoch bald der GAS-67 ersetzte.

Lkw GAS-AA bei einer Parade der 1930er-Jahre

Dieses Werksfoto aus dem Jahre 1934 zeigt einen dreiachsigen. GAS AAA mit zwei angetriebenen Hinterachsen bei einer Testfahrt. (Repro: L. Suslavicius, Smlg. Weinreich)

Wie schon erwähnt, spielte die Lieferung von US-Fahrzeugen im Rahmen von Roosevelts Lend-Lease-Abkommen (Leih-Pacht-Vertrag) eine sehr wichtige Rolle für die Beweglichmachung der Roten Armee, insbesondere ihres Artillerie- und Transportwesens. Die Masse der Lieferungen erreichte die UdSSR über die Häfen im Norden (Eismeer) und im Fernen Osten sowie im Süden auf dem Landweg über den besetzten Iran. Weitere Fahrzeuge wurden aus gelieferten Teilen im Automobilwerk Gorki und im Moskauer Stalinwerk zusammengebaut (diese Zahlen sind in der Tabelle unten enthalten).

Im Rahmen des von US-Präsident Roosevelt eingefädelten Lend-Lease-Vertrages lieferten die Westalliierten insgesamt 480.000 Fahrzeuge (davon 85 % aus den USA) an die UdSSR. Darunter allein 430.000 Lastwagen (hauptsächlich der US-Modelle Studebaker und GMC) sowie 50.000 Jeeps (Willys MB und Ford GPW). Von den 744.000 (Rad-)Fahrzeugen der Roten Armee stammten umgerechnet 64 % aus Lend-Lease-Lieferungen. Zusätzlich lieferten die USA 35.000 Motorräder.

AUTOMOBILPRODUKTION IN DER UDSSR 1941–1945

Jahr	Pkw	Lkw	Busse	Insgesamt
1941	5472	114.677	4027	**124.176**
1942	2567	30.947	1462	**34.976**
1943	2546	45.545	1175	**49.266**
1944	9382	53.467	1700	**60.549**
1945	4995	68.548	1114	**74.657**

Breite Anwendung fanden zudem Beutefahrzeuge. So sollen der Roten Armee allein von November 1942 bis März 1943 23.000 deutsche Fahrzeuge in die Hände gefallen sein. Bis 1945 machten Beutefahrzeuge 9,1 % der sowjetischen Fahrzeugflotte aus.

Unter solchen Bedingungen wuchs der Umfang des motorisierten Transportwesens kontinuierlich. 1943 war er bereits doppelt so groß wie 1941, 1944 verdreifachte er sich. Insgesamt wurden von 1941–1945 über 101 Millionen Tonnen verschiedener Güter auf der Straße transportiert. Am Ende des Krieges verfügte die Rote Armee über 664.500 Fahrzeuge.

Während das Problem der Ausstattung mit Kraftfahrzeugen während des Krieges mehr oder weniger erfolgreich gelöst wurde, blieb die Frage der (schweren) Zugmittel für die Artillerie fast bis Kriegsende ungelöst.

Der Grund lag darin, dass die Hauptartillerieverwaltung der Roten Armee vor dem Krieg fest davon überzeugt war, dass Pferde das wichtigste Zugmittel der Divisionsartillerie bleiben müssten.

Nachschubkolonne aus Lkw SIS-5.

Tausende amerikanischer Lkw warten auf ihre Verschiffung in die UdSSR.

1944 lief dieser Studebaker US-6 bei R.E.O. vom Band. Er kam als Teil des Lend-Lease-Programms in die UdSSR und wird bis heute museal erhalten. (Foto: L. Suslavicius, Smlg. Weinreich)

Dafür gab es angesichts des spärlichen Netzes an ausgebauten Straßen in der UdSSR und der jährlich einsetzenden Schlammperiode gute Gründe. Auch die deutsche Wehrmacht lernte ihre bespannte Artillerie an der Ostfront neu zu schätzen – steckten Pkw, Lkw und teilweise sogar Kettenfahrzeuge in Schlamm und Schnee fest, kamen Pferde fast noch überall durch. Spätestens in den ersten Wochen des Krieges, als deutsche Flugzeuge den Luftraum beherrschten, wurde jedoch klar, wie verwundbar Pferde waren und wie wichtig es schien, sie schnellstmöglich durch Kraftfahrzeuge zu ersetzen (die freilich auch nicht kugelfest waren). Weitere Gründe dürften in der mangelnden Futterversorgung und am Fehlen geeigneter Zugpferde-Remonten gelegen haben.

Zudem mangelte es an Artillerieschleppern für schwere Geschütze, die sich im Pferdezug nicht oder nur schwer bewegen ließen. Es gab zwar Schlepper der Typen »Komsomolez«, »Woroschilowez« und »Komintern«, deren geringe Zahl, Zugkraft und Geschwindigkeit zwang jedoch zur Verwendung herkömmlicher Radfahrzeuge und landwirtschaftlicher Traktoren. Alles in allem fehlte es der Feldartillerie an Beweglichkeit und Schnelligkeit, was das Zusammenwirken mit anderen Truppengattungen erschwerte. Erst 1943 erhielt die Truppe schnelle Artillerieschlepper Ja-12. Die Lieferkapazitäten der Industrie reichten jedoch für eine umfassende Motorisierung der Artillerie nicht aus.

Artillerie-Traktoren »Komintern« bei einer Parade der 1930er-Jahre.

Personenkraftwagen GAS-M1

Vor 1941 verfügte die Rote Armee über mehr als 10.500 Pkw GAS-M1. Der Personenkraftwagen war 1933 unter der Leitung von Chefkonstrukteur Andrei Lippgart im Automobilwerk Gorki (GAS) entwickelt worden. Die Grundlage bildeten Zeichnungen des Ford-40, welche die Firma Ford der Sowjetunion im Rahmen eines Vertrages über technische Hilfe zur Verfügung stellte. Die Serienfertigung des GAS-M1 lief 1936 an. Für seine Zeit wies der Wagen eine fortschrittliche Konstruktion auf. Die geschlossene viertürige Metallkarosserie war auf einem Rahmen aufgebaut, der keine Stöße von der Straße aufnahm. Die Vorder- und Hinterradaufhängung an halbelliptischen Blattfedern wurde mit hydraulischen, einseitig wirkenden Stoßdämpfern ausgestattet. Die Kraft des 50-PS-Vierzylinder-Ottomotors GAS-M wurde über eine Einscheibenkupplung, ein Dreiganggetriebe mit Zahnkupplung (stoßfreie Schaltung des zweiten und dritten Gangs) sowie eine geschlossene Zapfwelle mit Kegelkopfgetriebe übertragen. Auf der Straße erreichte der GAS-M1 Geschwindigkeiten bis 105 km/h, von 0 auf 80 km/h beschleunigte er in 24 Sekunden. Der durchschnittliche Kraftstoffverbrauch betrug 14,5 l auf 100 km. Obwohl der GAS-M1 ursprünglich für den zivilen Gebrauch konzipiert worden war, kam er auch auf unbefestigten Straßen gut zurecht. Nicht von ungefähr baute man auf sein Fahrgestell den leichten Panzerspähwagen BA-20 auf. Bis zum Ende der Serienfertigung 1943 baute GAS 62.888 M1, von denen viele bis Kriegsende eingesetzt wurden.

Pkw GAS-M1 als Stabswagen in geradezu reaktionärem Spiegelglanz. Die drei jungen Soldaten scheinen sich darüber zu freuen – oder weil der »Alte« gerade mal ausgeflogen ist…

Schematische Vierseiten-Darstellung Pkw GAS-M1.

PKW GAS-M1	
Leergewicht, kg	1370
Sitzplätze	5
Abmessungen:	
Länge, mm	4625
Breite, mm	1770
Höhe, mm	1775
Antriebsformel	4 x 2
Radstand, mm	2.845
Spurweite (vorn), mm	1435
Leistung, PS	50
bei Umdrehungen pro Minute	2800
Höchstgeschwindigkeit, km/h	105
Fahrbereich Straße, km	460

GAS-M1 in Frontnähe. Wem die Rotarmistin gerade den Weg weist, muss offen bleiben – der Wagen ist leer.

Sowjetische Offiziere – der zweite von links ein Divisionskommandeur – beim Kartenstudium vor ihrem Stabswagen GAS-M1. Rechts der Fahrer. Aufnahme aus den 1930er-Jahren.

Personenkraftwagen GAS-M1.

Personenkraftwagen GAS-61

Der allradgetriebene Zweiachser GAS-61, der einen verbesserten (Fahr-)Komfort mit hoher Geländegängigkeit verband, wurde während des Krieges vor allem als Stabsfahrzeug benutzt. Die Entwicklung des Fahrzeugs fand 1938 noch unter Konstrukteur Witali Gratschow statt. Die Metallkarosserie des 5-sitzigen Viertürers wurde mit dem Fahrgestellrahmen verschraubt. Der flüssigkeitsgekühlte Sechszylinder-Reihenmotor zu 85 PS zeichnete sich durch hohe Zuverlässigkeit und einen vergleichsweise niederen Benzinverbrauch aus. Zu den Besonderheiten des GAS-61 zählten die allradgetriebenen Achsen mit gefederter Aufhängung und hydraulischen Stoßdämpfern. Das Drehmoment wurde auf beide Achsen über ein Vierganggetriebe des Typs GAS-AA übertragen.

Dank des Motors, dessen Leistung der des Panzerkampfwagens T-26 nur geringfügig nachstand, und des Allradantriebs konnte der voll beladene GAS-61 (bis zu 1650 kg) eine Höchstgeschwindigkeit von 107 km/h erreichen, Steigungen von 38° bewältigen und Gewässer bis zu 72 cm Tiefe durchwaten. Zudem schleppte er Anhänger bis

PKW GAS-61	
Leergewicht, kg	1650
Mittlere Zuglast, kg	400
Sitzplätze	5
Abmessungen:	
Länge, mm	4670
Breite, mm	1750
Höhe, mm	1905
Antriebsformel	4 x 4
Radstand, mm	2845
Spurweite, mm	1440
Leistung, PS	50
bei Umdrehungen pro Minute	3600
Höchstgeschwindigkeit, km/h	100-107
Fahrbereich Straße, km	375
Maximale Steigfähigkeit ohne Anhänger	38°

Der allradgetriebene GAS-61-73 zeichnete sich durch Zuverlässigkeit sowie gute Geländeeigenschaften aus und brachte es auf der Straße auf über 100 km/h Spitzengeschwindigkeit.

zu 700 kg. Mit speziellen Radaufsätzen für unwegsames Gelände war er dort sogar sowjetischen Halbketten-Fahrzeugen überlegen. Das Fahrzeug wurde in drei Ausführungen gebaut:

- **GAS-61-73: Hauptausführung mit Limousinen-Karosserie, bekannt als GAS-61.**
- **GAS-61-40: Mit Phaeton-Karosserie. Dieses Modell war 30 kg leichter als der GAS-61-71, obwohl es neben dem Haupttank einen 60-l-Reservetank besaß. Zusätzlich führte es zwei Ersatzräder über den vorderen Kotflügeln mit.**
- **GAS-61-417: Allradgetriebener Pritschenwagen mit Klappsitzen und Planenverdeck sowie zweisitziger Kabine. Das lediglich in einigen hundert Exemplaren hergestellte Muster diente als Zugfahrzeug für 45-mm-Panzerabwehrgeschütze.**

Trotz seiner guten Eigenschaften wurde der GAS-61 nur 1941 produziert. Bereits ab Herbst des Jahres ersetzte ihn der technologisch fortschrittlichere und preiswertere GAS-64. Der Gesamtausstoß an GAS-61 (Hauptausführung) wird auf etwa 400 Einheiten geschätzt.

Höherer Offizier mit Adjutant vor einem Pkw GAS-61. Der Fahrer musste sich für das Foto auf die rechte Wagenseite verdrücken.

Dieser nur in einer kleinen Serie produzierte, allradgetriebene Pritschenwagen GAS-61-417 diente u.a. als Zugmittel für leichte 45-mm-Panzerabwehrgeschütze. (Foto: L. Suslavicius, Smlg. Weinreich)

Personenkraftwagen GAS-61.

Personenkraftwagen GAS-64/67/67B

Um den Bedarf der Roten Armee an einem leichten, geländegängigen Fahrzeug zu decken, das als Führungs- und Aufklärungsfahrzeug sowie als Schlepper für Panzerabwehrgeschütze eingesetzt werden konnte, entstand kurz vor Kriegsausbruch der GAS-64. Im Herbst 1941 lief die Serienproduktion an. Die Entwicklung des GAS-64 dauerte nur wenige Monate, zumal Konstrukteur Witali Gratschow auf vorhandene GAS-Konstruktionen und Bauteile aufbauen konnte. So übernahm er vom Lkw GAS-MM Getriebe, Lenkung, Armaturenbrett und Kraftstofftank und vom Pkw GAS-61 die vordere und hintere Antriebsachse mit Rädern und Stoßdämpfern. Die vordere Aufhängung, der Rahmen und die Karosserie wurden neu gestaltet. Das oben offene Fahrzeug war einfach und zweckmäßig gestaltet. Die Türen ersetzten Stoffplanen und die Seitenwände waren so niedrig gehalten, dass die Besatzung auch ohne Türen ein- und aussteigen konnte. Als Antrieb diente der Vierzylinder-Ottomotor GAS-MM mit 50 PS, der das Fahrzeug auf eine Höchstgeschwindigkeit von 90 km/h brachte. Als allradgetriebener Pkw verfügte der GAS-64 über gute Geländegängigkeit: mit 35 cm tiefen Sand und Schnee kam er ebenso zurecht wie mit Steigungen bis zu 42°; die Wattiefe betrug 80 cm. Mit einer 45-mm-Pak oder Anhänger im Schlepp »packte« er noch Steigungen bis 31°. Die Truppe klagte allerdings über die hohe Schwerpunktlage des GAS-64, so dass das Automobilwerk Gorki Ende 1942 nach 686 gefertigten Fahrzeugen auf das verbesserte Modell GAS-67 umstieg. Im Vergleich zum GAS-64 erhielt der neue Geländewagen eine größere

Über die Fahrt im leichten, geländegängigen GAS-64 freuten sich – zumindest im Sommer und bei guter Witterung – auch die Offiziere.

Schematische Vierseiten-Darstellung Pkw GAS-64.

PKW GAS-64	
Leergewicht, kg	1320
Mittlere Zuglast, kg	800-1000
Sitzplätze	4
Abmessungen:	
Länge, mm	3350
Breite, mm	1685
Höhe, mm	1700
Antriebsformel	4 x 4
Radstand, mm	2100
Spurweite, mm	1460
Leistung, PS	54
bei Umdrehungen pro Minute	2800
Höchstgeschwindigkeit, km/h	90
Fahrbereich Straße, km	500
Maximale Steigfähigkeit ohne Anhänger	42°

Spurbreite und eine leicht modifizierten Aufbau. Es wurde außerdem eine Sperre eingebaut, die das Einlegen des ersten und des Rückwärtsgangs ohne Zuschalten der Vorderachse verhinderte. 1944 wurde das Modell erneut zum GAS-67B mit verbesserter Leistung modifiziert.

Während des Krieges stellte das Automobilwerk Gorki 5250 GAS-67 und GAS-67B her, die zusammen mit amerikanischen Jeeps hauptsächlich als Stabsfahrzeuge dienten.

Fließbandfertigung von GAS-64 im Automobilwerk Gorki.

Ein restaurierter und fahrbereiter GAS-67B.

GAS-64 mit Maxim-MG.

Geländegängiger Personenkraftwagen GAS-64.

Lastkraftwagen GAS-AA

Dieses Fahrzeug basierte auf dem amerikanischen Lastwagen Ford AA aus dem Jahr 1929. Er war zweckmäßig konstruiert, einfach zu bedienen und zu warten. Der GAS-AA verfügte über einen einfachen aus Stahl gestanzten Rahmen, an dem die blattgefederte Vorder- und Hinterachse befestigt waren. Der Motor mit einem Hubraum von 3285 cm^3 leistete 40 PS bei 2200 U/Min. Dank des niedrigen Verdichtungsverhältnisses von 4,2 konnte der Motor mit jeder Art von Benzin und bei heißem Wetter mit Kerosin betrieben werden. Die geschlossene Kabine mit zwei Plätzen bestand ursprünglich aus Holz, wich aber bald einer aus Metall. Die hölzerne Pritsche für Lasten bis 1500 kg verfügte über drei abnehmbare Holzschläge. Falls erforderlich, ließen sich auf der Ladefläche Sitzbänke für den Personentransport (Schützen oder Geschützbedienungen) anbringen. Der GAS-AA beeindruckte durch seine Geländegängigkeit. Auf befestigten Straßen erreichte er Geschwindigkeiten bis zu 70 km/h, der durchschnittliche Kraftstoffverbrauch betrug dabei etwa 20,5 l auf 100 km. Aufgrund des relativ geringen Gewichts zogen GAS-AA in Kolonnenfahrt die Fahrbahnoberflächen nur minimal in Mitleidenschaft; ebenso stellten Brücken mit geringer Tragfähigkeit kein Problem dar.

Eine wichtige Besonderheit bei der Fertigung des GAS-AA stellte der weitgehende Verzicht auf Buntmetalle und legierte Stähle dar. Die meisten Komponenten bestanden aus Gusseisen und minderwertigem Stahl. Das Automobilwerk Gorki fertigte das Fahrzeug von Januar 1932 bis 1938 in Serie. Des Weiteren baute das KIM-Automobilwerk in Moskau GAS-AA aus von GAS gelieferten Bauteilen zusammen. Zusammen mit dem auf seiner Basis entstandenen Lkw GAS-MM stellte das Modell GAS-AA den meistgebauten sowjetischen Militär-Lastkraftwagen der Vorkriegsjahre dar. Am 20. Juni 1941 zählte die Rote Armee 151.100 GAS-AA im Bestand.

Restaurierter GAS-AA.

Schematische Vierseiten-Darstellung Lkw GAS-AA.

LKW GAS-AA	
Leergewicht, kg	1810
Nutzlast, kg	1500
Sitzplätze	2
Abmessungen:	
Länge, mm	5335
Breite, mm	1770
Höhe, mm	1750
Innenmaße der Ladefläche	
Länge, mm	1610
Breite, mm	1100
Höhe, mm	445
Antriebsformel	4 x 2
Radstand, mm	3340
Spurweite, mm	1405
Leistung, PS	40
bei Umdrehungen pro Minute	2200
Höchstgeschwindigkeit, km/h	70
Fahrbereich Straße, km	215

Die deutsche Wehrmacht schätzte GAS-AA als Beutefahrzeuge, vor allem wenn sie noch mit einem leistungsfähigen Fla-MG DSchk ausgestattet waren. Das taktische Zeichen an der Fahrertür weist auf die deutsche 16. Panzer-Division hin, die vor allem im Südabschnitt der Ostfront zum Einsatz kam.

GAS-AA als Truppentransporter zur Front.

Lastkraftwagen GAS-AA.

Lastkraftwagen GAS-MM

1938 beschloss GAS im Zusammenhang mit der Produktion des neuen 50-PS-Motors GAS-M für den Pkw GAS-M1, dieses Aggregat auch in den Lastwagen GAS-AA einzubauen und ihn zu modernisieren. Der überarbeitete Lkw hieß nun GAS-MM und verfügte neben einem stärkeren Motor auch über ein verbessertes Getriebe, eine verstärkte Federung hinten und weitere Änderungen. Der GAS-MM in dieser Form wurde bis Frühsommer 1941 produziert, worauf er extrem vereinfacht wurde. Zunächst wich die Metall- einer Holzkabine mit Planenverdeck ohne Türen, da die zuständigen Stahlwerke die Lieferung des dünnen und gut stanzbaren Stahlblechs einstellten. An die Stelle der gestanzten Kotflügel traten L-förmige Flügel, die durch Biegen und Schweißen hergestellt wurden. Eine der vorderen Bremsen, die Stoßstange sowie der rechte Scheinwerfer entfielen. An der Ladefläche ließ sich nur noch die rückwärtige Klappe öffnen. Die militärische Ausführung des Lkw wurde als GAS-MM-W bezeichnet. Die Vereinfachung der Konstruktion führte jedoch nicht zu einer Verschlechterung seiner Eigenschaften – hohe Geländegängigkeit, Zuverlässigkeit, Wartungs- und Reparaturfreundlichkeit blieben. Während des Krieges diente das Fahrzeug nicht nur für Truppen- und Frachttransporte, seine Ladefläche nahm auch 37-mm- und 25-mm-Flugabwehrgeschütze sowie MG-Vierlinge 4M auf. Des Weiteren wurden auf sein Fahrgestell das Sanitätsfahrzeug GAS-55 und der Kipplaster GAS-410 aufgebaut. Produziert wurde auch die Holzvergaser-Version GAS-43, die nicht mit Benzin, sondern mit Holz-Verbrennungsgasen fuhr.

Der Lkw GAS-MM stellte einen modernisierten und leistungsgesteigerten GAS-AA dar, der aber aus Gründen der Materialknappheit und der Produktion mit vereinfachten Bauelementen auskommen musste. Man beachte die reichliche Verwendung von Holz, die L-förmigen Kotflügel und den Verzicht auf einen zweiten Scheinwerfer.

GAS-MM-W mit Holzvergaser (GAS-43).

Schematische Dreiseiten-Darstellung Lkw GAS-MM.

LKW GAS-MM-W	
Leergewicht, kg	1750
Nutzlast, kg	1500
Sitzplätze	2
Abmessungen:	
Länge, mm	5335
Breite, mm	2040
Höhe, mm	1970
Innenmaße der Ladefläche:	
Länge, mm	2450
Breite, mm	1870
Höhe, mm	500
Antriebsformel	4 x 2
Radstand, mm	3340
Spurweite, mm	1405
Leistung, PS	50
bei Umdrehungen pro Minute	2800
Höchstgeschwindigkeit, km/h	70
Fahrbereich Straße, km	215

Lastkraftwagen GAS-MM-W.

Lastkraftwagen GAS-AAA

Der Lastkraftwagen GAS-AAA stellte das meistgebaute geländegängige Lkw-Modell der Roten Armee dar. Im Laufe von insgesamt zehn Jahren liefen 37.373 Fahrzeuge vom Band. Konstruktiv war der GAS-AAA die dreiachsige Ausführung des GAS-AA. Die Konstrukteure ersetzten die hintere Antriebsachse durch zwei Achsen. Die Erhöhung der Räderzahl reduzierte nicht nur den spezifischen Bodendruck, sondern optimierte auch die Kraftübertragung auf den Boden. Dies wiederum erhöhte die Geländegängigkeit beträchtlich. Auf Schnee und weichem Untergrund ließ sie sich durch »Overall«-Ketten an den Hinterrädern steigern. Bei der Straßenfahrt erreichte der GAS-AAA eine Höchstgeschwindigkeit von 65 km/h und bewältigte vollbeladen Steigungen bis zu 27°.

Das Automobilwerk Gorki produzierte das Modell von 1934 bis 1943. Zu Beginn des Krieges wurde die Konstruktion erheblich vereinfacht, um die Arbeits- und Produktionskosten zu senken und den Ausstoß zu erhöhen; die Leistung blieb dabei unverändert.

Ein erheblicher Nachteil des GAS-AAA war sein relativ schwacher Motor, der eine Verwendung als Artillerie-Zugmittel ausschloss. Aus diesem Grund wurde das Fahrzeug hauptsächlich zum Truppen- und Lastentransport eingesetzt.

Fahrgestelle des GAS-AAA fanden bei den mittleren Panzerspähwagen BA-6 und BA-10 Verwendung, ebenso beim Stabsbus GAS-05-193 und anderen Spezialfahrzeugen. Unter anderem wurde die erste sowjetische in Serie produzierte Radarstation RUS-2 auf GAS-AAA montiert.

GAS-AA bei einer Demonstrationsfahrt im Gelände.

Nur zwei Exemplare des GAS-AAA haben die Zeiten überdauert – dies ist einer davon. Er wurde viele Jahre nach Kriegsende aus einem Sumpf in Estland geborgen und wieder fahrfertig gemacht. Diese Aufnahme stammt aus dem Jahr 1985.
(Foto: L. Suslavicius, Smlg. Weinreich)

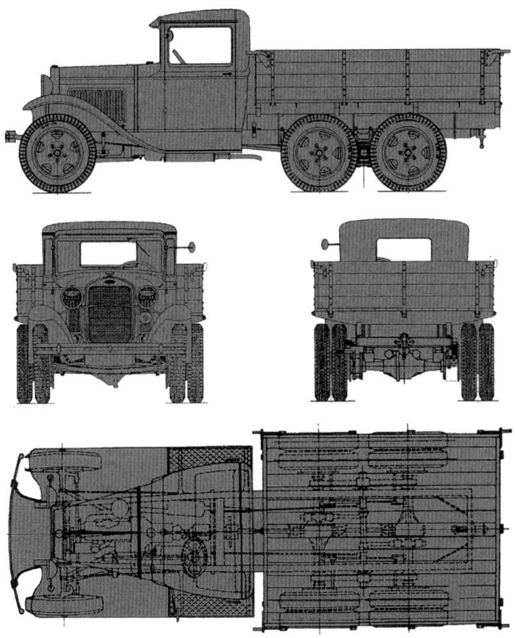

Schematische Vierseiten-Darstellung Lkw GAS-AAA.

Der Dreiachser GAS-AA zeigte gute Geländeeigenschaften, doch sein relativ schwacher Motor schloss eine Verwendung als Artillerie-Zugmittel aus. Er wurde zum Transport von Gütern aller Art eingesetzt und stellte mit über 37.000 Exemplaren den meistgebauten sowjetischen geländegängigen Lkw dar.

LKW GAS-AAA	
Leergewicht, kg	2475
Nutzlast, kg	2000 (1500 Gelände)
Sitzplätze	2
Abmessungen:	
Länge, mm	5335
Breite, mm	2040
Höhe, mm	1970
Innenmaße der Ladefläche:	
Länge, mm	2450
Breite, mm	1870
Höhe, mm	500
Antriebsformel	6 x 4
Radstand, mm	3200
Spurweite, mm	1405
Leistung, PS	50
bei Umdrehungen pro Minute	2800
Höchstgeschwindigkeit, km/h	65
Fahrbereich Straße, km	100

Lastkraftwagen GAS-AAA.

Lastkraftwagen SIS-5

Der zuerst ab 1933 im Moskauer Stalin-Automobilwerk produzierte Lkw SIS-5 wurde in den Vorkriegsjahren und während des Krieges als Transportfahrzeug und Artillerie-Zugmittel eingesetzt; sein Fahrgestell diente verschiedenen Spezialfahrzeugen als Unterbau. Insgesamt erhielt die Rote Armee vor dem Krieg über 104.200 Lkw dieses Typs.

Der Lastwagen SIS-5 stellt eine Weiterentwicklung der Lkw AMO-2 und AMO-3 dar, die wiederum auf dem amerikanischen Lkw-Prototyp »Autocar« basierten.

Der Motor, die zweisitzige Metallkabine und die Holzpritsche für bis zu 3 t Nutzlast wurden beim SIS-5 auf einem verwindungsarmen Rahmen aufgebaut, der während der Fahrt in unwegsamem Gelände wie eine Federung funktionierte. Der SIS-5 erhielt einen Sechszylinder-Reihenmotor mit tiefgelegter Ventilsteuerung und 5555 cm^3 Hubraum. Bei 2300 U/min erbrachte er 73 PS. Der Motor ließ sich auch bei sehr kalter Witterung leicht starten und konnte mit jeder Art Benzin betrieben werden. Angelassen wurde er elektrisch über einen Starter mit 0,9 PS Leistung oder manuell mittels Drehkurbel. Der 60-Liter-Kraftstofftank befand sich in der Kabine unter dem Fahrersitz. Der Fahrbereich betrug 205 km auf der Straße. Die Kraftübertragung erfolgte über eine Zweischeiben-Trockenkupplung, ein Schaltgetriebe mit vier unsynchronisierten Vorwärts- und einem Rückwärtsgang, einer Antriebswelle und einem doppelten Hauptgetriebe. Im Schaltgetriebe wurden Stirnzahnräder und im Hauptgetriebe ein Paar Kegel- und ein Paar von Stirnzahnrädern verwendet. Die Antriebswelle hatte zwei starre, asynchrone Gelenke, die äußere Kugelhauben schützten.

Die Aufhängung der Vorder- und Hinterachse bestand aus längs angeordneten halbelliptischen Blattfedern. Bei der Hinterradaufhängung kamen zusätzliche Blattfedern zum Einbau. Die Höchstgeschwindigkeit des Fahrzeugs auf der Straße betrug 60 km/h; die Durchschnittsgeschwindigkeit lag bei 30 km/h und auf unbefestigten Straßen

Ein SIS-5-Tankwagen beim Betanken eines GAS-AA.

bis zu 20 km/h. Der Lkw SIS-5 konnte Steigungen bis zu 12° bezwingen, Gräben bis zu 50 cm Breite überschreiten und Gewässer bis 60 cm Tiefe durchfurten. In Punkto Geländegängigkeit zeigte er sich Fahrzeugen mit Allradantrieb nur geringfügig unterlegen.

Die Ladefläche mit drei klappbaren Bordwänden nahm Lasten bis zu 3 t auf. Aufgeschraubte Sitzbänke boten bis zu 25 Personen Platz. Für das Ziehen von Anhängern bis zu 3,5 t erhielt der Lkw eine entsprechende Anhängerkupplung.

Wie alle anderen sowjetischen Lkw der damaligen Zeit arbeitete der SIS-5 mit einer Netzspannung von 6 V. Den Strom lieferten die Lichtmaschine mit 80 W Kapazität und die Anlasserbatterie.

Die Fertigung des SIS-5 lief bis zum 15. Oktober 1941, als das Moskauer Stalin-Automobilwerk in den Osten verlagert wurde. Bereits im April 1942 nahm es in den Städten Uljanowsk und Miass die Produktion der militärischen Ausführung SIS-5W wieder auf. Der extrem vereinfachte SIS-5 entsprach den Anforderungen der Kriegszeit mit

LKW SIS-5W	
Leergewicht, kg	3000
Nutzlast, kg	3000
Sitzplätze	2
Abmessungen:	
Länge, mm	6060
Breite, mm	2235
Höhe, mm	2160
Innenmaße der Ladefläche:	
Länge, mm	3085
Breite, mm	2085
Höhe, mm	590
Antriebsformel	4 x 2
Radstand, mm	3810
Spurweite, mm	1675
Leistung, PS	73
bei Umdrehungen pro Minute	2300
Höchstgeschwindigkeit, km/h	60
Fahrbereich Straße, km	200

Kolonne SIS-5 eines motorisierten Schützenbataillons ca. 1942. Eine wattierte Hauben-Abdeckung schützt Motor und Kühler des vorderen Fahrzeugs gegen die grimmige Kälte.

Fertigung des vereinfachten SIS-5W in einem der drei Herstellerwerke.

ihrer Materialknappheit und sehr kurzer Lebensdauer von Fahrzeugen: Holzkabine, geschweißte L-förmige Kotflügel, Trittbrett und Ladefläche aus Holz mit nur einer klappbaren Bordwand. Einige SIS-5W bekamen statt Ebonit-Lenkrädern solche aus Holz. Diese Maßnahmen sparten fast 124 kg Metall pro Fahrzeug ein, was angesichts Tausender produzierter Lastkraftwagen in schwierigen Kriegszeiten stark ins Gewicht fiel.

Das Modell SIS-5 und die militärische Ausführung SIS-5W zeichneten sich durch hohe

Lastkraftwagen SIS-5.

Zuverlässigkeit und einfache Wartung aus. In den Bauteilen fanden nur zehn Schraubentypen Verwendung. Dadurch ließen sie sich mit einem minimalen Werkzeugsatz vor Ort auseinander nehmen und wieder zusammensetzen.

Während des Krieges wurde der SIS-5W in Uljanowsk und Miass produziert, ab Juni 1942 auch im Moskauer SIS-Autowerk. Insgesamt wurden zwischen Mai 1942 und Mai 1945 etwa 83.000 SIS-5W gebaut.

Lastkraftwagen SIS-6

Der dreiachsige Lastkraftwagen SIS-6 ging 1937 im Moskauer Stalin-Automobilwerk unmittelbar nach Anlauf der SIS-5-Fertigung in die Serienproduktion. Die war kein Zufall, denn der SIS-6 stellte lediglich die dreiachsige Version des SIS-5 dar und war ansonsten weitgehend mit diesem identisch. Im Unterschied zu seinem zweiachsigen Gegenstück erhielt der SIS-6 einen verstärkten Rahmen, einen größeren Kühler, einen auf 105 l vergrößerten Kraftstofftank, ein Zweistufen-Getriebe und die Hinterachsen ein Schneckengetriebe. Das Fahrzeug verfügte außerdem über eine Druckluft-verstärkte Bremse sowie über einen Kompressor zur Regelung des Reifendrucks. Seine drei Achsen sicherten dem SIS-6 gute Geländegängigkeit in Schlamm, Schnee und Sand. Auch er erhielt »Overall«-Ketten für die Räder der Hinterachse. Die Höchstgeschwindigkeit war mit 55 km/h etwas geringer als beim SIS-5. Die Rote Armee setzte den SIS-6 als Allzweck-Transportfahrzeug und als Artillerie-Zugmaschine ein. Sein Fahrgestell nutzten der schwere Panzerspähwagen BA-11, Tankwagen, Autokrane AK-3, Werkstattwagen usw. sowie die Mehrfachraketenwerfer BM-13 und BM-8-36.

Die Fertigung des SIS-6 lief von Anfang 1934 bis Oktober 1941 in Moskau und wurde nach der Evakuierung des Stalin-Werks eingestellt. Seinen Platz nahmen nach und nach dreiachsige US-Lastkraftwagen ein. Von 1934 bis 1941 wurden insgesamt 21.239 SIS-6 gebaut.

Der Lastkraftwagen SIS-6 auf einem zeitgenössichen Foto. (Foto: Smlg. Weinreich)

Die drei Achsen senkten den Bodendruck des Fahrzeuges und erhöhten gleichzeitig seine Geländgängigkeit. (Repro: L. Suslavicius, Smlg. Weinreich)

LKW SIS-6	
Leergewicht, kg	
Nutzlast, kg	4000 (2500 Gelände)
Sitzplätze	2
Abmessungen:	
Länge, mm	6060
Breite, mm	2235
Höhe, mm	1970
Innenmaße Ladefläche:	
Länge, mm	3085
Breite, mm	2085
Höhe, mm	590
Antriebsformel	6 x 4
Radstand, mm	3900
Spurweite, mm	1545
Leistung, PS	73
bei Umdrehungen pro Minute	2300
Höchstgeschwindigkeit, km/h	55
Fahrbereich Straße, km	260

Der dreiachsige SIS-6 spendete sein Fahrgestell auch dem Mehrfachraketenwerfer BM-13.

Lastkraftwagen SIS-6.

Halbketten-Lastkraftwagen SIS-42

In den Vorkriegsjahren wurde auch in der UdSSR an der Entwicklung von Geländefahrzeugen mit Halbketten sowohl aus Gummi (NATI-3, NATI-WZ, SIS-22, NATI-WM, JaSP) als auch aus Metall sowie mit abnehmbaren Ketten vom Typ »Overall« (Jag-10, SIS-6) gearbeitet. 1940 legte das SIS-Werk eine Kleinserie von wenig erfolgreichen Halbkettenfahrzeugen SIS-22 auf. Mit der Evakuierung des Werks Ende 1941 wurde die Fertigung vorübergehend eingestellt und erst im Herbst 1942 in Gestalt des verbesserten Halbketten-Lastkraftwagens SIS-42 wieder aufgenommen. Im Prinzip handelte es sich beim SIS-42 um einen gewöhnlichen Lkw SIS-5W, bei dem die hinteren Antriebsräder durch ein Kettenlaufwerk ersetzt wurden. Das Antriebsrad lag vorn und das Leitrad (»Leniwez« genannt = Faultier) hinten, dazwischen liefen vier paarweise zusammengefasste Laufräder. Das Antriebsrad wurde durch eine Gallsche Kette von einem Ritzel auf der Halbachse angetrieben.

Die Raupenkette bestand teils aus Gummi-Gewebebändern, teils aus Metall, wobei die Metallteile in die Ritzel des Antriebsrades eingriffen. Das gesamte Laufwerk wurde in Pendelaufhängung angebracht.

Im Vergleich zum SIS-5W erhielt der Lkw den stärkeren Motor SIS-5M, einen größeren Kühler und drei zusätzliche Kraftstofftanks mit einem Gesamtvolumen von 240 l. Zur Erhöhung der Geländegängigkeit im Schnee wurde die Montage von Schneekufen an den Vorderrädern vorgesehen. Ein Gespann aus einem SIS-42 mit Schneekufen und einem ebenfalls mit Schneekufen versehenen Geschütz kam mit Schneetiefen bis zu 1 m zurecht. Der SIS-42 konnte ansonsten Gräben von bis zu 68 cm Breite überwinden sowie Steigungen bis zu 28° bewältigen; die Wattiefe betrug 60 cm. Insgesamt enttäuschte seine Geländegängigkeit jedoch. Der SIS-42 und seine verbesserte Version SIS-42M wurden bis 1944 produziert. Alles in allem liefen 5931 Fahrzeuge vom Band.

Beim Halbkettenfahrzeug SIS-42 handelte es sich um einen Lkw SIS-5W, bei dem ein Kettenlaufwerk die Hinterräder ersetzte.

Die Fertigung von Halbketten-Lkw SIS-42 lief im Herbst 1942 an.

SIS-42 als Zugmittel für ein Geschütz.

Halbketten-Lastkraftwagen SIS-42.

LKW SIS-42	
Leergewicht, kg	5252
Nutzlast, kg:	
ohne Anhänger	2250
mit Anhänger	1500
in Neuschnee	1750
max. Zuglast, kg	2750
Sitzplätze	2
Plätze auf der Ladefläche	14
Abmessungen, mm:	
Länge ohne Schneekufen	6097
mit Schneekufen an Vorderrädern	6745
Breite	2360
Höhe Kabine	2175
Höhe mit abgedeckter Ladefläche	2950
Spurweite Hinterachse	2165
Radstand:	
bis zum Antriebsrad, mm	3810
Spurweite, mm:	
Vorderräder	1546
Kettenlaufwerk (Mitte)	1705
Kettenbreite, mm:	415
Bodenfreiheit (Vorderachse), mm	318
Spezifischer Bodendruck (beladen), kg/cm^2:	
Kettenlaufwerk auf festem Boden	0,287
Kettenlaufwerk auf Neuschnee	0,266
Mit Schneekufen an Vorderrädern	0,12
Leistung, PS	76
bei Umdrehungen pro Minute	2400
Höchstgeschwindigkeit mit Last auf Straße, km/h	35,9
Fahrbereich Straße mit Anhänger, km	390
Steigfähigkeit (ohne Anhänger)	22°

Leichter Artillerieschlepper T-20 »Komsomolez«

Der teilgepanzerte leichte Artillerieschlepper T-20 »Komsomolez« diente ab den späten 1930er-Jahren als Zugfahrzeug für 45-mm-Panzerabwehr- und 76,2-mm-Regimentsgeschütze. Das Fahrzeug wurde Ende 1936 im Werk Nr. 37 unter Leitung von Chefkonstrukteur Nikolai Astrow entwickelt, wobei Bauteile des leichten Schwimmpanzerwagens T-38 und des Lastkraftwagens GAS-AA Verwendung fanden. Die Wanne bestand aus gewalzten Panzerblechen in Stärke von 7–10 mm. Verbunden wurden sie durch Elektroschweißen und Nieten. Im vorderen Teil des Schleppers befand sich die gepanzerte Kabine mit Plätzen für Fahrer und Beifahrer. Hinter der Kabine lag unter einer gepanzerten Abdeckung der Motorraum, über ihm fanden auf zwei Längsbänken bis zu sechs Mann der Geschützbedienung Platz.

Das Kettenfahrwerk bestand aus einer schmalen Gleiskette, vier paarweise verbundenen kleinen Laufrädern, zwei Stützrollen, dem Leitrad mit Kettenpannvorrichtung hinten und dem Antriebsrad vorn. Die Federung bewirkten Blattfedern der Laufrollenpaare. Der Kettenantrieb und der Panzerschutz erlaubten den Einsatz der Zugmaschine auf dem Gefechtsfeld (auch wenn die hinteren Sitzbänke ungeschützt blieben), was dem Stellungswechsel zugute kam. Bei Bedarf ließ sich der Schlepper auch als Tankette verwenden, da sich vorn rechts in der Kabine ein 7,62-mm-Maschinengewehr DT in Kugelblende befand. Zu Beginn des Krieges entwickelte Grabins Konstruktionsbüro auf Grundlage dieses Schleppers das 57-mm-Sturmgeschütz SIS-30 (siehe oben). Etwa hundert dieser Geschütze gingen an Panzerabwehreinheiten von Panzerbrigaden. Von 1937 bis zum Ende der Produktion 1941 wurden 7780 leichte Artillerieschlepper »Komsomolez« hergestellt.

Artillerieschlepper T-20 mit hohem Planenaufbau. In der gepanzerten Kabine befand sich ein MG DT in Kugelblende.

SCHLEPPER »KOMSOMOLEZ«	
Leergewicht, kg	3460
Nutzlast (Ladefläche), kg	500
Anhängelast, kg	2000
Sitzplätze	2
Plätze Ladefläche	6
Abmessungen:	
Länge, mm	3450
Breite, mm	1859
Höhe (mit Planenaufbau), mm	2230
Spurweite Laufrollen, mm	1775
Spurweite (Kettenmitte), mm	1480
Kettenbreite, mm	200
Spezifischer Bodendruck (beladen), kg/cm²	0,54
Bodenfreiheit, mm	300
Leistung, PS	50-52
bei Umdrehungen pro Minute	2800
Höchstgeschwindigkeit (Straße), km/h	47,5
Fahrbereich (Straße) mit Zuglast, km	152
Steigfähigkeit (beladen) ohne Anhänger	32°

Artillerieschlepper T-20 als Zugmittel für die 45-mm-Pak M1937.

Artillerieschlepper T-20 als Zugmittel für die 45-mm-Pak M1937 bei einer Parade. Die Einachsprotze nahm die Bereitschaftsmunition auf.

Leichter Artillerieschlepper T-20 »Komsomolez«.

Leichter Artillerieschlepper STS-5 (STS-NATI-2TW)

Landwirtschaftliche Kettenschlepper des Typs STS-5 wurden ab 1937 im Traktorenwerk Stalingrad (STS steht für Сталинградский тракторный завод, *Stalingradski Traktornyj Sawod*) in Serie gebaut. Für die Entwicklung zeichnete eine gemischte Gruppe von Konstrukteuren des STS und des Instituts NATI unter Führung von Wenjamin Slonimski verantwortlich. Die militärische Ausführung mit Frontlenkerbauweise (eigentlich als CT-3 bezeichnet) entsprach der für Artillerieschlepper üblichen Einteilung mit Fahrerkabine/Motor vorn und Ladefläche hinten. In diesem Fall wurde der Motor in der Kabine zwischen den Sitzen von Fahrer und Beifahrer installiert. Hinter der Kabine befanden sich der Kraftstofftank und darüber die Ladefläche mit klappbaren Seitenborden und Bänken für eine Geschützbedienung, die ein abnehmbarer Planenaufbau vor den Unbilden der Witterung schützen sollte.

Als Antrieb diente ein Vierzylinder-Ottomotor 1MA mit elektrischem Anlasser. Es handelte sich um einen Vielstoffmotor, der zuerst mit Benzin lief und nach einer Aufwärmphase auf Kerosin oder

LEICHTER ARTILLERIESCHLEPPER STS-5	
Leergewicht, kg	6000
Nutzlast (Ladefläche), kg	1500
Mittlere Zuglast, kg	4850
Maximale Zuglast, kg	7250
Sitzplätze	2
Plätze auf der Ladefläche	8
Abmessungen:	
Länge, mm	4150
Breite, mm	1855
Höhe (mit Planenverd.), mm	2360
Spurweite Laufrollen, mm	1795
Spurweite Kettenmitte, mm	1435
Kettebreite, mm	310
Spez. Bodendruck (beladen), kg/cm^2	0,64
Leistung, PS	52-56
bei Umdrehungen pro Minute	1250
Höchstgeschwindigkeit (Straße), km/h	21,5
Fahrbereich Straße mit Zuglast, km	140
Steigfähigkeit (beladen) o. Zuglast	40°

Leichter Artillerieschlepper STS-5 als Zugmittel für die 76,2-mm-Divisionskanone M1936 (F-22) bei einer Vorkriegsparade.

Naphtha (Rohbenzin) umstellte. Das Kettenlaufwerk wies an jeder Seite außer Antriebs- und Leitrad vier Gummi-bandagierte Laufrollen und zwei Stützrollen auf. Die schmale Raupenkette maß 310 mm. Der Schlepper verfügte über gute Geländegängigkeit. So konnte er bis zu 1 m tiefe Gräben überwinden und Gewässer bis zu 80 cm Tiefe durchwaten. Mit einem Geschütz im Schlepp erreichte er eine Straßenhöchstgeschwindigkeit von 14 km/h; im Gelände brachte er es maximal auf 10 km/h. Die Zugkraft von 4500 kp reichte für sämtliche Feldgeschütze der Schützendivisionen aus. Der Traktor STS-5 war das meistgebaute Artillerie-Kettenzugmittel der Roten Armee. Bis 1941 waren 3438 Fahrzeuge gebaut, nach Kriegsbeginn lief die Produktion bis zur Einnahme des Traktorenwerks Stalingrad durch deutsche Truppen im August 1942 weiter. Die Gesamtzahl der gebauten STS-5 beläuft sich auf 9944 Stück.

Leichter Artillerieschlepper STS-5.

Mittlerer Artillerieschlepper »Stalinez 2« (S-2)

Dieses mittlere Zugfahrzeug entwickelten die Konstrukteure von NATI und des Traktorenwerks Tscheljabinsk in der zweiten Hälfte der 1930er-Jahre. Eine Vorserie von zwölf Fahrzeugen lag Mitte 1940 vor. Vom vierten Quartal 1940 bis November 1941 baute das Traktorenwerk insgesamt 1275 S-2 in Serie. Der Aufbau entsprach weitgehend dem Mehrzweckschlepper S-65 (dies ermöglichte die Montage auf gleichem Band), aber der Aufbau war typisch für Artillerieschlepper: Motor und zweisitzige Kabine vorn, Ladefläche hinten. Der Vierzylinder-Dieselmotor MT-17 setzte über ein Viergang-Traktorengetriebe die hinten liegenden Antriebsräder in Bewegung. Der Motor MT-17 wurde sowohl mit Dieselkraftstoff als auch mit einem Gemisch aus »Autol« und Kerosin betrieben. Zum Starten diente ein benzingetriebener Hilfsmotor mit manuellem und elektrischem Anlasser. Der Motor ließ sich dank einer Beheizung auch noch bei –30 Grad leicht starten, wobei das Kühlsystem und der Ansaugtrakt mit beheizt wurden. Das dem T-26 ähnelnde Laufwerk setzte sich aus zwei Rollenwagen mit

MITTLERER ARTILLERIESCHLEPPER S-2	
Leergewicht, kg	12.000
Nutzlast (Ladefläche), kg	1500
Mittlere Zuglast, kg	10.000
Maximale Zuglast, kg	19.000
Sitzplätze	2
Plätze auf der Ladefläche	8
Abmessungen:	
Länge, mm	4674
Breite, mm	2440
Höhe (Kabine), mm	2756
mit Planenaufbau, mm	3065
Spurweite Laufrollen, mm	2025
Spurweite, Kettenmitte, mm	1823
Kettebreite, mm	420
Bodenfreiheit, mm	462
Spez. Bodendruck (beladen), kg/cm²	0,768
Leistung, PS	105
bei Umdrehungen pro Minute	1100
Leistung, PS	115
bei Umdrehungen pro Minute	1350
Höchstgeschwindigkeit (Straße), km/h	15
Fahrbereich (Straße) mit Zuglast, km	bis zu 160
Steigfähigkeit (beladen) o.Zuglast	24°

Ein mittlerer Artillerieschlepper »Stalinez 2« (S-2) zieht eine gegen Fliegersicht getarnte 152-mm-Kanonenhaubitze M1937 (ML-20) über einen Knüppeldamm.

gefederter Pendelaufhängung, Antriebsrad vorn und Leitrad hinten zusammen. Der Traktor S-2 besaß gute Geländegängigkeit, mit Zuglasten bis zu 10 t konnte er Steigungen bis zu 15° bezwingen. Die Durchschnittsgeschwindigkeit mit Zuglast auf der Straße betrug 15 km/h, auf unbefestigtem Untergrund 10 km/h. Dank der hohen Zugkraft von 6200 kp konnte der Traktor mittel- und großkalibrige Artilleriegeschütze (bis zu 280 mm) sowie beschädigte Panzerfahrzeuge ziehen bzw. abschleppen.

Der mittlere Artillerieschlepper »Stalinez 2« (S-2) ging Ende 1940 in Serie und wurde in einer Stückzahl von 1275 Exemplaren gebaut. Der Motor MT-17 ließ sich sowohl mit Dieselkraftstoff als auch mit einem Kerosin-Gemisch betreiben.

Mittlerer Artillerieschlepper »Komintern«

Der »Komintern«-Schlepper wurde 1930-1932 im Lokomotivwerk Charkow von einer Konstrukteursgruppe unter Boris Woronkow entwickelt. Die Rote Armee übernahm ihn im Jahr 1933; 1934 entstand eine Vorserie von 50 Fahrzeugen und 1935 lief die Serienfertigung an. Der Schlepper war zum Ziehen von Korpsartilleriegeschützen und schwerer Artillerie der Reserve des Oberkommandos ausgelegt. Der Motor befand sich im vorderen Teil, in der Mitte die zweisitzige Kabine und hinten eine Ladefläche. Das Drehmoment des flüssigkeitsgekühlten Vierzylinder-Motors wurde auf die hinteren Antriebsräder der Kette übertragen. Beim Bau fanden Teile des Fahrgestells des zuvor in einer Kleinserie produzierten Panzerkampfwagens T-24 Verwendung. Auch die Gleisketten stammten aus dem Panzerbau, waren aber leichter und mit 50-mm-Bodengreifern ausgestattet. Dies ermöglichte eine gute Griffigkeit, ohne aber Straßen zu beschädigen.

Die Holzkabine war ähnlich aufgebaut wie beim Lkw SIS-5, der Fahrer saß jedoch auf der rechten Seite. Die 5,36 m^2 große Ladefläche mit klappbaren Seiten erhielt einen abnehmbaren stoffbespannten Aufbau. Die Geschützbedienung fand auf zwei Querbänken der Ladefläche und einer Bank über dem Kraftstofftank Platz, der direkt hinter der Kabine eingebaut war.

Trotz einiger Nachteile wie erhöhter Kraftstoffverbrauch und arbeitsintensive Wartung erwies sich der »Komintern« als zuverlässiger und leistungsfähiger Schlepper, der alle damaligen Geschütze bis Kaliber 152 mm ziehen konnte. Bis 1940 wurden 1798 »Komintern«-Schlepper gebaut und von der Roten Armee eingesetzt. 1945 zählte sie noch 568 »Komintern« im Bestand.

Frontansicht des »Komintern«-Schleppers, der 1935 in Serie ging. Beim Laufwerk fanden Teile des in Kleinserie produzierten Panzerkampfwagens T-24 Verwendung.

MITTLERER ARTILLERIESCHLEPPER »KOMINTERN«	
Leergewicht, kg	10.500
Nutzlast (Ladefläche), kg	2000
Mittlere Zuglast, kg	12.000
Maximale Zuglast, kg	14.000
Sitzplätze	2
Plätze auf der Ladefläche	12
Abmessungen:	
Länge, mm	5765
Breite, mm	2208
mit Planenaufbau, mm	2980
Höhe (Kabine), mm	2538
mit Planenaufbau, mm	2980
Spurweite Laufrollen, mm	3278
Spurweite, Kettenmitte, mm	1530
Kettebreite, mm	360
Bodenfreiheit, mm	400
Spez. Bodendruck (beladen), kg/cm²	0,49
Leistung, PS	131
bei Umdrehungen pro Minute	1280
Höchstgeschwindigkeit (Straße), km/h	30,5
Fahrbereich (Straße) mit Zuglast, km *letzte Serien	Bis zu 170*
Steigfähigkeit (beladen) o. Anhänger	33,5°

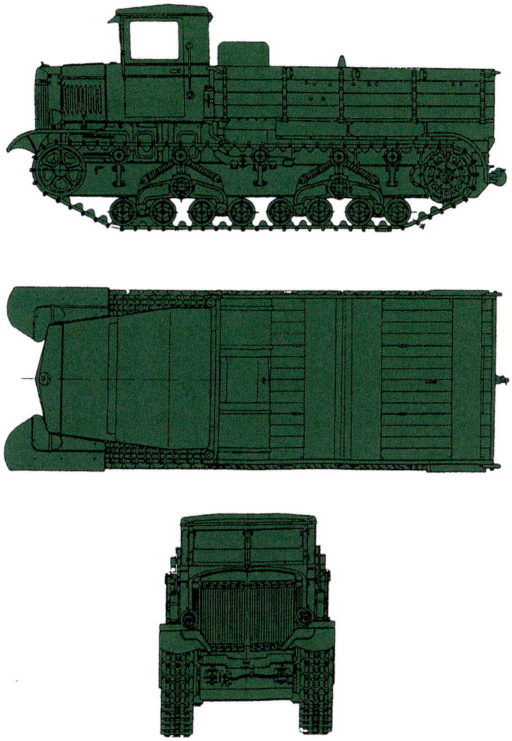

Dreiseiten-Darstellung mittlerer Artillerieschlepper »Komintern«.

»Komintern«-Schlepper einer Korps-Artillerieabteilung bei einer Parade auf dem Roten Platz.

Ein »Komintern«-Schlepper als Zugmittel für eine 122-mm-Korpskanone M1931 (A-19).

Mittlerer Artillerieschlepper »Komintern«.

Schwerer Artillerieschlepper »Woroschilowez«

Die Serienproduktion des schweren Artillerieschleppers »Woroschilowez« lief 1939 im Lokomotivwerk Charkow an. Der Schlepper war als Zugmittel für Geschütze bis 22 t Gewicht (152-mm-und 210-mm-Kanonen, 203-mm- und 305-mm-Haubitzen sowie 280-mm-Mörsern), zum Schleppen mittlerer und schwerer Panzerkampfwagen sowie für den Transport von bis zu 3 t Ladung konzipiert. Bis 1941 wurden etwa 800 »Woroschilowez«-Schlepper hergestellt (von denen nur 228 an die Artillerie gingen). Weitere 170 Fahrzeuge entstanden während des Krieges.

Der Schlepper war mit einem flüssigkeitsgekühlten Zwölfzylinder-V-Dieselmotor W-2W für Panzer mit einer Leistung von 375 PS ausgestattet. Hinter dem Motor befand sich die geschlossene Kabine mit drei Sitzen. Dahinter wurde auf einem Unterbau aus Metall eine Holzplattform mit drei klappbaren Seiten und einem abnehmbaren Gerüst mit Stoffbespannung montiert. Auf drei abnehmbaren Querbänken fanden

SCHWERER ARTILLERIESCHLEPPER »WOROSCHILOWEZ«	
Leergewicht, kg	15.500
Nutzlast (Ladefläche), kg	3000
Mittlere Zuglast, kg	14.000
Maximale Zuglast, kg	22.000
Sitzplätze	3
Plätze auf der Ladefläche	16
Abmessungen:	
Länge, mm	6281
Breite, mm	2850
Höhe Kabine (mit Planenverdeck) mm	2610 (3087)
Länge der Kettenauflagefläche, mm	3670
Spurweite (Kettenmitte), mm	1860
Kettebreite, mm	428
Bodenfreiheit, mm	410
Spez. Bodendruck (beladen), kg/cm^2	0,452
Leistung, PS	375
Höchstgeschwindigkeit Straße, km/h	18
Fahrbereich Straße mit Zuglast, km	240
Steigfähigkeit (beladen) ohne Zuglast	40°

Der schwere Artillerieschlepper »Woroschilowez« diente der schweren Feldartillerie als Zugmittel. Er erhielt einen 375-PS-Dieselmotor, wie ihn auch der T-34 verwendete, und konnte auch mittlere Panzer abschleppen.

Schwerer Artillerieschlepper »Woroschilowez«.

13–16 Personen Platz, zudem ließ sich auf der Ladefläche Munition und Geschützzubehör befördern. Im mittleren Teil befanden sich zwei Luken für den Zugang zum Getriebe und zu einer Schleppwinde.

Das Kettenlaufwerk bestand je Seite aus einer 428 mm breiten Gleiskette, acht Doppellaufrädern in vier Rollenwägen, fünf Stützrollen, dem Leitrad mit Kettenspanner vorn und dem Antriebsrad hinten. Zur Aufhängung und Federung dienten schräg angebrachte Schraubenfedern. Das Laufwerk und der starke Motor sicherten dem »Woroschilowez« eine ausgezeichnete Geländegängigkeit. Er bewältigte Steigungen bis 40° (mit Zuglast 14°), bis zu 1,6 m breite Gräben und senkrechte Hindernisse bis zu 72 cm Höhe; die Wattiefe betrug 1,3 m. Die Geschwindigkeit mit Zuglast betrug 18 km/h auf der Straße und bis zu 15 km/h im Gelände.

Schneller Artillerieschlepper Ja-12

Der Mangel an motorisierten Artilleriezugmitteln gehörte vor und noch mehr während des Krieges zu den dringlichsten Problemen der Roten Armee. Mit Ausnahme des Werks in Stalingrad stellten die Traktorenwerke die ohnehin schon unzureichende Produktion von Artillerieschleppern mit Beginn des Krieges ein, da die meisten Fabriken nun Panzer herstellten. Nachdem auch Stalingrad Kriegsgebiet geworden war, stoppte die Fertigung von Traktoren komplett. Um Abhilfe zu schaffen fiel der Beschluss, einen neuen schnellen Artillerieschlepper auf Grundlage bereits vorhandener Komponenten zu entwickeln. Das erste Konzept stellten NATI-Konstrukteure unter Leitung von E. Popow bereits Anfang 1942 vor. Im Herbst des Jahres gingen die Konstruktionsunterlagen an das Automobilwerk Jaroslawl, das bis März 1943 fünf Prototypen fertigte. Das Modell bekam die Bezeichnung Ja-11.

Beim kompakten und schnellen Ja-11 lagen – wenig überraschend – Motor und Kabine vorn, die Ladefläche hinten. Auf ihr fand neben der Geschützbedienung auch Munition und sonstige Ausrüstung Platz. Der Antrieb bestand aus zwei parallel geschalteten Motoren GAS-MM mit einer Gesamtleistung von 86 PS. Noch während den Vorbereitungen für die Serienfertigung des Ja-11 verursachte ein deutscher Luftangriff schwere Schäden im Automobilwerk Gorki, wo in Folge die Produktion von GAS-MM-Motoren vorübergehend zum Erliegen kam. Der Ja-11 musste ersatzweise mit amerikanischen Zweitakt-Dieselmotoren GMC-4-71 zu 110 PS aus US-amerikanischen Hilfslieferungen vorlieb nehmen. Serienfahrzeuge mit dem amerikanischen Motor erhielten die Bezeichnung Ja-12. Während des Krieges stellte das Automobilwerk in Jaroslawl zwei weitere Ausführungen her: den Ja-13 mit Viertakt-Ottomotor SIS-5M und den Ja-13F mit einem Viertakt-Ottomotor SIS-MF.

Bis Kriegsende liefen im Werk Jaroslawl 1666 JA-Schlepper aller Ausführungen vom Band.

Eine Abteilung Flakartillerie auf dem Marsch- Als Zugmittel für deutsche 8,8-cm-Flak dienen schnelle Artillerieschlepper Ja-12. Entweder handelt es sich um Beutegeschütze oder die Aufnahme zeigt möglicher Weise eine Kolonne der tschechoslowakischen Streitkräfte nach 1945, die zahlreiche deutsche Waffentypen aus »heimischer Produktion« weiter verwendeten. Die 8,8-cm-Flak wurde während des Krieges u. a. bei Skoda in Pilsen hergestellt.

Schneller Artillerieschlepper Ja-12.

SCHNELLER ARTILLERIESCHLEPPER JA-12	
Leergewicht, kg	6550; 5700*
Nutzlast, kg	2000
Mittlere Zuglast, kg	8000; 5000*
Maximale Zuglast, kg	14.000
Sitzplätze	3
Plätze auf der Ladefläche	8
Abmessungen:	
Länge (erste Serie), mm	5030
Länge (Folgeserien), mm	4890
Breite, mm	2440
Höhe Kabine (mit Planenverd.), mm	2213; 2290*
Spurweite Laufrollen, mm	2710
Länge Kettenauflagefläche, mm	3670
Spurweite (Kettenmitte), mm	2100
Kettenbreite, mm	300
Bodenfreiheit, mm	305; 310*
Spez. Bodendruck (bel.), kg/cm^2	0,494;0,445*
Leistung, PS	110-112; 95*
bei Umdrehungen pro Minute	2000; 2800*
Höchstgeschw.Straße, km/h	38,3; 24,4*
Fahrbereich Straße mit Zuglast, km	290; 180*
Steigfähigkeit (beladen) ohne Zuglast	30°
	*Ja-13F

Schwerer Kettenschlepper »Kommunar«

Während des Krieges setzten sowjetische Artillerieeinheiten auch Kettenschlepper »Kommunar« als Zugmittel ein. Dieses ursprünglich für zivile Zwecke gedachte Modell war das erste Kettenfahrzeug des Charkower Komintern-Lokomotivwerks. Als Vorbild diente ein deutscher Hanomag-Traktor, den das Komintern-Werk zwischen 1924 und 1931 in drei Ausführungen nachbaute – mit einem Kerosin-Motor zu 50 PS und mit Benzin-Motoren zu 75 PS und 90 PS. Die Rote Armee übernahm den »Kommunar« als Zugmittel für schwere Artillerie, was aber schnell seine Hauptnachteile im militärischen Einsatz zu Tage treten ließ – die geringe Geschwindigkeit und die fehlende Möglichkeit, Geschützbedienungen und Bereitschaftsmunition aufzunehmen. Dennoch erfuhr der schwere Kettenschlepper aufgrund des Mangels an Artilleriezugmitteln weite Verbreitung im Krieg, auch auf deutscher Seite als Zugmittel aller möglicher Fahrzeuge und Lasten, die in Schlamm und Schnee sonst stecken geblieben wären. Als Antwort auf die schwierigen russischen Wegeverhältnisse entwickelten die Deutschen im Übrigen ab September 1942 den Raupenschlepper Ost (RSO) nach Vorbild des mittleren »Stalinez«.

SCHWERER KETTENSCHLEPPER »KOMMUNAR«	
Leergewicht, kg	8.500
Zuglast, kg	bis zu 6000
Sitzplätze	1
Abmessungen:	
Länge, mm	5150
Breite, mm	2060
Höhe, mm	2460
Leistung, PS	50, 75, 90
Höchstgeschwindigkeit Straße, km/h	7–15,2

Der schwere Raupenschlepper »Kommunar« wurde ursprünglich für den Einsatz in der Landwirtschaft und anderen zivilen Verwendungen geschaffen und beruhte auf einem deutschen Hanomag-Traktor.

Schwerer Kettenschlepper »Kommunar«.

330
ÖL